国家中等职业教育改革发展示范学校质量提升系列教材

电梯维护与保养

沈阳市汽车工程学校　主编

中国铁道出版社有限公司
CHINA RAILWAY PUBLISHING HOUSE CO., LTD.

内 容 简 介

本书根据电梯安装与维修保养专业所对应的职业(岗位)的实际需要,确定学生应具备的能力结构与知识结构而展开编写。在编写过程中,坚持以能力为本位,重视实践能力的培养,突出中等职业教育特色。

本书主要内容包括电梯维护保养常用工具、电梯常用低压电器、电梯的安全使用和管理、电梯维护保养基本操作、电梯电气系统的维护与保养、电梯门系统的维护与保养、电梯机械系统的维护与保养、电梯曳引系统的维护与保养以及电梯安全保护装置的维护与保养,强调以培养技能型人才为出发点,采用任务驱动法,把工学结合理念融入理实一体课程中,全面提升学生的职业技能和职业素养水平。

本书适合作为中等职业学校电梯安装与维护保养专业的教材,也可作为职业技能培训及从事电梯技术工作人员的参考用书。

图书在版编目(CIP)数据

电梯维护与保养/沈阳市汽车工程学校主编. —北京:中国铁道出版社有限公司,2019.8

国家中等职业教育改革发展示范学校质量提升系列教材

ISBN 978-7-113-26022-4

Ⅰ.①电… Ⅱ.①沈… Ⅲ.①电梯-维修-中等专业学校-教材②电梯-保养-中等专业学校-教材 Ⅳ.①TU857

中国版本图书馆 CIP 数据核字(2019)第 159124 号

书　　名:电梯维护与保养
作　　者:沈阳市汽车工程学校

策　　划:邬郑希　　　　**编辑部电话**:(010) 63589185 转 2034
责任编辑:邬郑希　贾淑媛
封面设计:刘　颖
责任校对:张玉华
责任印制:郭向伟

出版发行:中国铁道出版社有限公司(100054,北京市西城区右安门西街 8 号)
网　　址:http://www.tdpress.com/51eds/
印　　刷:北京捷迅佳彩印刷有限公司
版　　次:2018 年 8 月第 1 版　2019 年 8 月第 1 次印刷
开　　本:787 mm×1 092 mm　1/16　**印张**:13.75　**字数**:344 千
书　　号:ISBN 978-7-113-26022-4
定　　价:46.00 元

前言

《国家职业教育改革实施方案》指出，要把职业教育摆在教育改革创新和经济社会发展中更加突出的位置。改革开放以来，职业教育为我国经济社会发展提供了有力的人才和智力支撑，现代职业教育体系框架全面建成，服务经济社会发展能力和社会吸引力不断增强，具备了基本实现现代化的诸多有利条件和良好工作基础。随着我国进入新的发展阶段，电梯产业升级和经济结构调整不断加快，对技术技能人才的需求越来越紧迫，职业教育的重要地位和作用越来越凸显。

教育部发布了《中等职业学校专业目录》增补专业的通知。文件中明确在“05 加工制造类”新增“电梯安装与维修保养专业”，对应职业（岗位）“电梯安装维修工（6-29-03-03）”。同时人力资源和社会保障部职业技能鉴定中心公布了国家职业技能标准电梯安装维修工（职业编码：6-29-03-03）。

至此，电梯安装维修岗位既有中华人民共和国职业分类大典（2015 年版）指导下的国家职业技能标准对接职业技能鉴定，又与中等职业教育、高等职业教育明确了专业对接。在此背景下，我们编写了《电梯维护与保养》一书。

本书在编写理念上，按照《国家职业教育改革实施方案》的要求，符合职业教育教学规律和技能型人才成长规律，体现了职业教育教材特色，在传授知识与技能的同时注意融入对学生职业道德和职业意识的培养。

本书采用任务驱动、项目式教学的方式，将本课程的主要教学内容分解为十个学习项目，分别为了解电梯，电梯维护常用工具，电梯常用低压电器，电梯的安全使用和管理，电梯安全维护保养基本操作，电梯电气系统的维护与保养，电梯门系统的维护与保养，电梯机械系统的维护与保养，电梯曳引系统的维护与保养，电梯安全保护装置的维护与保养。

本书由侯雁鹏统稿，于瑾编写项目一，朴成龙编写项目二、项目三，田世路编写项目四，侯雁鹏编写项目五~项目十。贾琦提供了书中部分图片，张践、曹博负责全书的审阅校正工作。

在编写本书的过程中，我们参考了有关资料，在此特向这些参考文献的作者们表示衷心的感谢。

由于编者的经验、水平有限，书中难免存在不足之处，恳请广大读者批评指正。

编　者

2019年6月

目录
CONTENTS

项目一
了解电梯

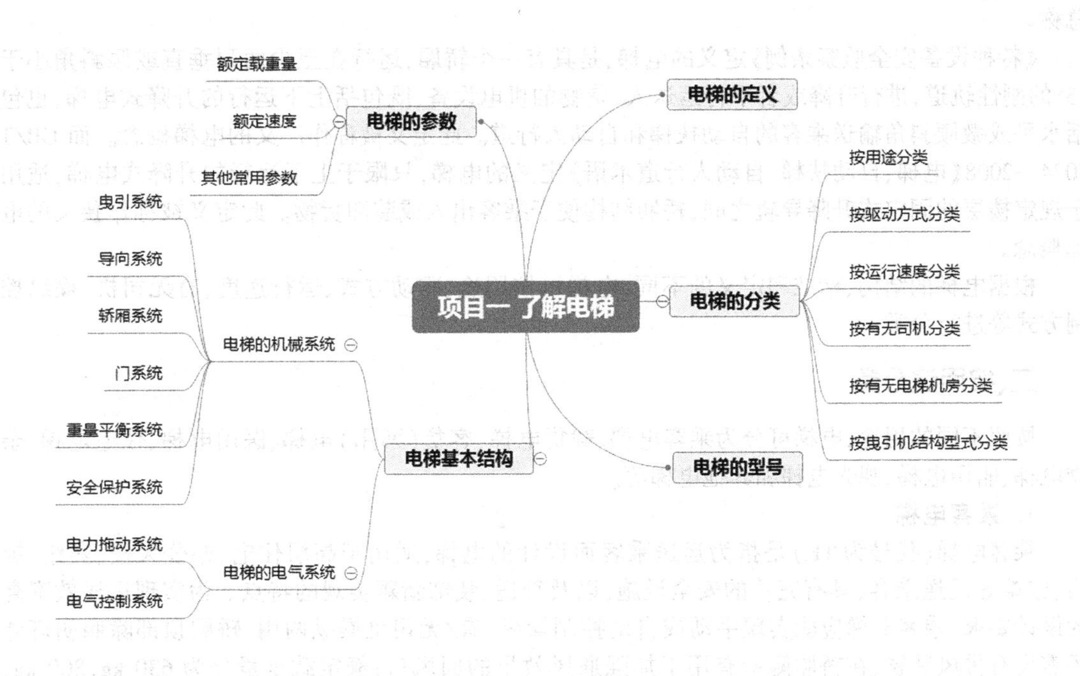
项目一 了解电梯
电梯的定义
电梯的参数
额定载重量
额定速度
其他常用参数
电梯的分类
按用途分类
按驱动方式分类
按运行速度分类
按有无司机分类
按有无电梯机房分类
按曳引机结构型式分类
电梯的型号
电梯基本结构
电梯的机械系统
曳引系统
导向系统
轿厢系统
门系统
重量平衡系统
安全保护系统
电梯的电气系统
电力拖动系统
电气控制系统

任务一　电梯的定义和分类

学习目标

1. 了解电梯的定义和分类方式。
2. 掌握不同种类电梯的使用范围、特点及设计要求。
3. 规范对电梯的称谓，培养学生理解问题的能力。

任务描述

通过对不同类型电梯的描述，学生应掌握电梯的不同分类方式及每种电梯的使用范围、特点和设计要求。

相关知识

一、电梯的基本概念

电梯(elevator)是指以电力作为拖动动力，利用沿两根垂直的或垂直倾斜度小于15°的刚性导轨运行的箱体或者沿固定线路运行的梯级(踏步)的特种设备，是建筑物内垂直交通运输工具的总称。

《特种设备安全监察条例》定义的电梯，是具有一个轿厢，运行在至少两列垂直或倾斜角小于15°的刚性轨道，进行升降或者平行运送人、货物的机电设备，既包括上下运行的升降式电梯，也包括水平或微倾斜角输送乘客的自动扶梯和自动人行道。此定义被称作广义的电梯概念。而GB/T 7024—2008《电梯、自动扶梯、自动人行道术语》定义的电梯，只限于上下运行的升降式电梯，适用于规定楼层的固定式升降导轨之间，轿厢结构便于乘客出入或装卸货物。此定义被称作狭义的电梯概念。

根据电梯的结构、标准和定义的不同，电梯可按用途、驱动方式、运行速度、有无司机、操纵控制方式等进行分类。

二、按用途分类

按照不同的用途，电梯可分为乘客电梯、载货电梯、客货(两用)电梯、医用电梯、住宅电梯、杂物电梯、船用电梯、观光电梯和其他电梯等。

1. 乘客电梯

乘客电梯(代号为TK)是指为运送乘客而设计的电梯，适用于高层住宅、办公大楼、宾馆、饭店、旅馆等运送乘客，具有完善的安全设施，以及舒适、装饰新颖美观的特点。为实现运送效率高的设计要求，乘客电梯应能实现手动或自动控制操纵、有/无司机操纵两用、轿厢顶部除照明灯外还需设有排风装置、在轿厢侧壁有用于加强通风效果的回风口；额定载重量分为630 kg、800 kg、1 000 kg、1 250 kg和1 600 kg；速度有0.63 m/s、1.0 m/s、1.6 m/s和2.5 m/s多种；载客人数为8~21人。在超高层大楼运行时，速度可以超过3 m/s甚至达到10 m/s。

2. 载货电梯

载货电梯(代号 TH)是指为运送货物而设计的电梯,常用于运载货物、装载手推车(机动车)上的货物及伴随的装卸人员,具有轿厢空间大、载重量大、结构牢固可靠、安全性好的特点。为达到节约动力的目标,载货电梯的设计应保证良好的平层精确度、取较低的额定速度、轿厢空间宽大;载重量分为 630 kg、1 000 kg、1 600 kg、2 000 kg;运行速度多在 1.0 m/s 以下。

3. 客货(两用)电梯

客货两用电梯(代号 TL)是指以运送乘客为主、也可运送货物的电梯,适用于饭店、宾馆和旅店等场所。与乘客电梯的主要区别是,客货电梯的轿厢内部装饰不及乘客电梯,一般多为低速。

4. 医用电梯

医用电梯(代号 TB)是指为运送病床(包括病人)及医疗设备而设计的电梯,用于医院中运送病人、医疗器械和救护设备,具有轿厢窄且深、噪声低和运行稳定性高的特点。医用电梯要求设计有前后贯通的开门,额定载重量为 1 000 kg、1 600 kg 和 2 000 kg 等。医用电梯一般应由专职司机操作。

5. 住宅电梯

住宅电梯(代号 TZ)是指供住宅楼使用的电梯,用于运送乘客、家用物件、生活用品、残疾人乘坐的轮椅和童车、“手把拆卸”式的担架和家具,具有安全、平稳的特点。住宅电梯设计的额定载重量分为 400 kg、630 kg 和 1 000 kg 几种,相应的载客人数为 5 人、8 人或 13 人,运行速度在低、快速之间。

6. 杂物电梯

杂物电梯(代号 TW)是只能运送图书、文件、食品等少量货物而不允许人员进入的电梯,具有轿厢的尺寸和结构。在轿厢设计时,其底板面积应不超过 1.00 m^2、深度不超过 1.00 m、高度不超过 1.20 m;若轿厢由几个永久的间隔组成,而每一个间隔都能满足上述要求,则总高度允许超过 1.20 m。

7. 船用电梯

船用电梯(代号 TC)是指固定安装在船舶上,为乘客、船员或其他人员使用的电梯,具有运行速度较小的特点。为确保船用电梯能在船舶的摇晃中正常工作,设计时运行速度一般应小于1.0 m/s。

8. 观光电梯

观光电梯(代号 TG)是指井道和轿厢壁至少有一侧透明、乘客可观看轿厢外景物的电梯,与乘客电梯具有相同的特点。观光电梯如图 1-1-1 所示。

9. 汽车电梯

汽车电梯(代号 TQ)是指用作运送车辆而设计的电梯,用于各种汽车的垂直运输,可用于高层或多层车库、仓库等,具有轿厢面积大、结构牢固可靠的特点。多数汽车电梯无轿顶,在设计时应使轿厢的尺寸与所运载汽车相适应,且升降速度不超过 1.0 m/s。

图 1-1-1 观光电梯

10. 其他电梯

根据需求的不同,电梯也可用作专门用途,如冷库电梯、防爆电梯、矿井电梯、建筑工地电梯等。

三、按驱动方式分类

按照驱动方式的不同,电梯可分为交流电梯、直流电梯、液压电梯、齿轮齿条电梯、螺杆式电梯和直线电机驱动的电梯等。

1. 交流电梯

交流电梯是有齿轮、用交流感应电动机作为驱动力的电梯,运行时具有低速或中高速的特点。根据拖动方式又可分为交流单速、交流双速、交流调压调速、交流变压变频调速等类型。其中,交流单速电梯的梯速一般不大于0.5 m/s;交流调压调速电梯的梯速一般不大于1.75 m/s;交流变压变频调速电梯的梯速一般不大于6 m/s。

2. 直流电梯

直流电梯为无齿轮、用直流电动机作为驱动力的电梯,运行时具有高速或超高速的特点。其中,曳引机带有减速箱的称为直流有齿轮电梯,当梯速不大于1.75 m/s时,称为直流快速电梯;直流电动机直接带动曳引轮的称为直流无齿轮电梯,当梯速在2~10 m/s时,称为直流高速电梯。

3. 液压电梯

液压电梯是通过液压动力源,把油压入油缸使柱塞作直线运动,直接或通过钢丝绳、链条间接地使轿厢运动的电梯,具有运行平稳、舒适、低噪声、并道利用率高、载重吨位大、机房设置灵活的特点。液压电梯可分为柱塞直顶式和柱塞侧置式两种,其中:柱塞直顶式电梯的油缸柱塞直接支撑轿厢底部使轿厢升降;柱塞侧置式电梯的油缸柱塞设置在轿厢侧面,借助曳引绳,通过滑轮组与轿厢连接使轿厢升降。

4. 齿轮齿条电梯

齿轮齿条电梯是将导轨加工成齿条,轿厢装上与齿条啮合的齿轮,利用电动机带动齿轮旋转使轿厢升降的电梯,常用于建筑工程。具有刚度好、维修保养方便、安全性较高、安装转移迅速的特点。按吊厢的数量,齿轮齿条电梯可分为单吊厢式和双吊厢式。

5. 螺杆式电梯

螺杆式电梯是将直顶式电梯的柱塞加工成矩形螺纹,再将带有推力轴承的大螺母安装于油缸顶,然后通过电机经减速机(或皮带)带动螺母旋转,从而使螺杆顶升轿厢上升或下降的电梯。螺杆式电梯具有节约建筑面积、土建要求低、结构灵活、稳定可靠的特点。

6. 直线电动机驱动的电梯

直线电动机驱动的电梯也称直线电动机电梯,是采用高温超导技术的直线电动机驱动的电梯。和传统曳引式电梯相比,直线电动机驱动的无绳电梯不需要进行配重,不需要一个专门的机房来安装驱动电动机,可以节省大量的空间。在安装的过程中,直线电动机驱动无绳电梯不需要使用很长的钢丝绳,使用的机械部分非常简单,在运行过程中故障点非常少,电梯安装起来非常简单,维护工作比较少。在搭建拖动控制系统的时候,主要使用DSP芯片。直线电动机驱动的电梯如图1-1-2所示。

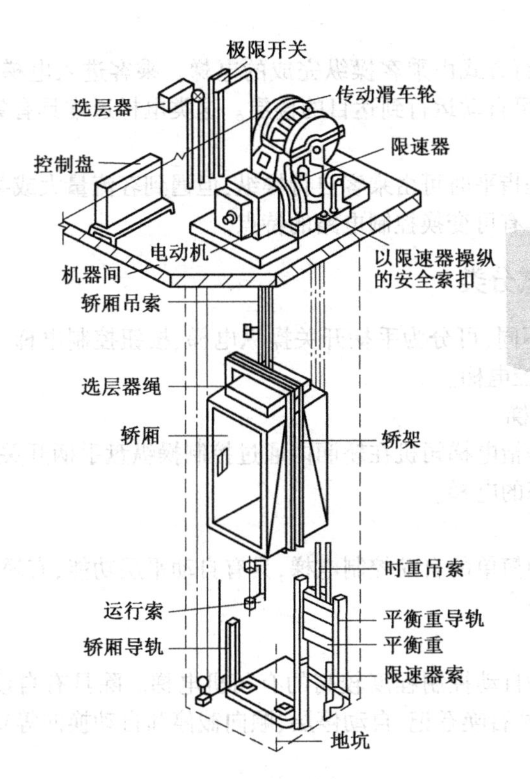

图 1-1-2　直线电动机驱动的电梯

四、按运行速度分类

按照运行速度的不同，电梯可分为低速梯、中速梯、高速梯和超高速梯。

1. 低速梯

轿厢额定速度小于等于 1 m/s 的电梯称为低速梯，常用于 10 层以下的建筑物，多为客货（两用）梯或货梯。

2. 中速梯

中速梯也称为快速梯，是轿厢额定速度介于1～2 m/s 之间的电梯，常用于 10 层以下的建筑物，多为客货（两用）梯或货梯。

3. 高速梯

轿厢额定速度介于 2～3 m/s 之间的电梯称为高速梯，常用于 16 层以上的建筑物内。

4. 超高速梯

轿厢额定速度大于等于 3 m/s 的电梯称为超高速梯，常用于超高层建筑物内。

五、按有无司机分类

按有无司机操纵，电梯可分为有司机电梯、无司机电梯和有/无司机电梯三种。

1. 有司机电梯

有司机电梯，是指运行方式由专职司机操纵完成的电梯。

2. 无司机电梯

无司机电梯,是指运行方式由乘客操纵完成的电梯。乘客进入电梯轿厢,按下操纵盘上所需要去的楼层按钮,电梯即可自动运行到达目的楼层。这类电梯通常具有集选功能。

3. 有/无司机电梯

有/无发动机电梯,是指平时可由乘客自行操纵,但遇到客流量大或某些特殊情况则改由司机操纵的电梯。这类电梯具有可变换控制电路的特点。

六、按操纵控制方式分类

按操纵控制方式的不同,可分为手柄开关操纵电梯、按钮控制电梯、信号控制电梯、集选控制电梯、并联控制电梯和群控电梯。

1. 手柄开关操纵电梯

手柄开关操纵电梯是指电梯司机在轿厢内通过控制操纵盘手柄开关,即可实现起动、上升、下降、平层、停止等运行状态的电梯。

2. 按钮控制电梯

按钮控制电梯是一种简单的自动控制电梯,具有自动平层功能,有轿外按钮控制、轿内按钮控制两种控制方式。

3. 信号控制电梯

信号控制电梯是一种自动控制程度较高的有司机电梯。除具有自动平层、自动开门功能外,还具有轿厢命令登记、层站召唤登记、自动停层、顺向截停和自动换向等功能。

4. 集选控制电梯

集选控制电梯是在信号控制电梯基础上发展起来的全自动控制的电梯,与信号控制电梯的主要区别在于能实现无司机操纵。

5. 并联控制电梯

并联控制电梯是指将2~3台电梯的控制线路并联起来进行逻辑控制的电梯,具有集选功能。它们共用层站外召唤按钮,由控制系统自动调度电梯运行,当电梯无任务时,一台电梯自动返回基站,另一台电梯则停在其他楼层或停在设定的区域中心。

6. 群控电梯

群控电梯是用微机控制和统一调度多台集中并列的电梯,分为梯群的程序控制和梯群智能控制等形式。三台以上的电梯共用站外召唤信号,通过控制系统的自动控制和集中来调度电梯的运行、停车及返回基站或者区域中心,主要用于高层建筑中。

七、其他分类方式

1. 按有无电梯机房分类

(1)有机房电梯

根据机房的位置与型态,有机房电梯可分为:机房位于井道上部并按照标准要求建造的电梯;机房位于井道上部,机房面积等于井道面积、净高度不大于2 300 mm的小机房电梯;机房位于井道下部的电梯。

(2)无机房电梯

根据曳引机安装位置,无机房电梯可分为:曳引机安装在上端站轿厢导轨上的电梯;曳引机安装在上端站对重导轨上的电梯;曳引机安装在上端站楼顶板下方承重梁上的电梯;曳引机安装在井道底坑内的电梯。

2. 按曳引机结构分类

(1)有齿轮曳引机电梯

有齿轮曳引机电梯是指曳引电动机输出的动力通过齿轮减速箱传递给曳引轮,继而驱动轿厢的电梯。

(2)无齿轮曳引机电梯

无齿轮曳引机电梯是指由曳引电动机输出动力直接驱动曳引轮,继而驱动轿厢的电梯。

任务实施

填写测试记录单(见表1-1-1),考查学生对任务的掌握情况。

表1-1-1 测试记录单

测 试 内 容	情 况 记 录
电梯的基本概念	
简述电梯的分类方式	
按不同的用途,电梯分为哪几种?简述不同种类电梯的特点及设计要求	
按照驱动方式,电梯分为哪几种?它们各有什么特点	
按照运行速度,电梯分为哪几种?各自的运行速度是如何界定的	
按照有无司机,电梯分为哪几种	
按照操纵控制方式,电梯分为哪几种	
按照曳引机结构型态,电梯是分为哪几种	

任务评价

(一)自我评价(40分)

学生根据任务学习完成情况自我评价,见表1-1-2。

表1-1-2 自我评价表

评 价 内 容	配 分	评 价 标 准	扣 分	得 分
学习态度	10	学习态度端正,能做到课前预习、课后认真完成作业		
任务完成情况	90	掌握全部知识点,不扣分		
		知识掌握不全面,每错一个知识点扣8分		
自我评分=(1~2项总分)×40%				

签名________ ________年________月________日

(二)小组评价(30分)

同组同学进行组内互评,见表1-1-3。

表 1-1-3 小组评价表

项 目 内 容	配 分	评 分
课前预习与自我评价情况	60	
相互帮助与协作能力	20	
学习态度与组织纪律	20	
小组评分=(1~3 项总分)×30%		

参评人员签名________ ________年________月________日

(三)教师评价(30 分)

指导教师结合自评与互评的结果进行综合评价,见表 1-1-4。

表 1-1-4 教师评价表

教师总体评价意见:	
教师评分(30 分)	
总评分=自我评分+小组评分+教师评分	

教师签名________ ________年________月________日

任务二 电梯的参数和型号

学习目标

1. 了解电梯基本规格的组成。
2. 熟悉电梯的主参数。
3. 掌握电梯型号的编制方法,理解不同电梯型号的含义。
4. 培养学生运用基础知识解决问题的能力。

任务描述

本任务介绍电梯基本规格的组成,引出电梯的两个主参数;讲解电梯型号的编制方法,学生应理解电梯型号的含义。

相关知识

一、电梯的参数

电梯的基本规格由电梯的类型、电梯的主参数、驱动方式、操纵控制方式、轿厢的形式与尺寸、井道的形式与尺寸、厅轿门形式、开门宽度与开门方向、层站数、提升高度和井道高度、顶层高度和底坑深度、机房形式等参数组成。其中,电梯的额定载重量和额定速度是电梯的主参数。

1. 电梯的主参数

(1)额定载重量

额定载重量是指电梯设计时规定的轿厢内最大载荷,单位为 kg。它是电梯的主要参数,是电梯设计、制造以及客户选用的主要依据之一。乘客电梯、客货电梯、医用电梯的额定载重量可为 320 kg、400 kg、630 kg、800 kg、1 000 kg、1 250 kg、1 600 kg、2 000 kg 和 2 500 kg;载货电梯额定载重量可为 630 kg、1 000 kg、1 600 kg、2 000 kg、3 000 kg 和 5 000 kg;杂物电梯额定载重量可为 40 kg、100 kg、250 kg。

(2)额定速度

额定速度是指电梯设计时规定的轿厢速度,单位为 m/s。它也是电梯的主要参数,是电梯设计、制造以及客户选用的主要依据之一。标准推荐的乘客电梯、客货电梯、医用电梯有 0.63 m/s、1.00 m/s、1.60 m/s、2.50 m/s 等系列;载货电梯有 0.25 m/s、0.40 m/s、0.63 m/s、1.00 m/s 等系列;杂物电梯有 0.25 m/s、0.40 m/s 等系列。实际使用的额定速度还有 0.50 m/s、1.50 m/s、1.75 m/s、2.00 m/s、4.00 m/s 和 6.00 m/s 等系列。

2. 其他常用参数

(1)驱动方式

驱动方式主要指电梯采用的动力驱动种类,分为直流驱动、交流单速驱动、交流双速驱动、交流调压驱动、交流变压变频驱动、永磁同步电机驱动、液压驱动等。

(2)操纵控制方式

操纵控制方式主要指对电梯的运行实行操纵的方式,有手柄开关操纵、按钮控制、信号控制、上集选控制、下集选控制、并联控制和机群控制等。

(3)轿厢形式与轿厢尺寸

轿厢形式包括轿厢顶、轿厢壁、轿厢底以及有无双面开门的特殊要求。轿厢尺寸包括轿厢内部尺寸(轿厢的宽度×深度×高度)和外廓尺寸,其中:轿厢内部尺寸由电梯的类型和额定载重量确定;外廓尺寸关系到井道设计。

(4)井道形式与尺寸

井道分为封闭式和空格式两种,井道尺寸常用“宽度×深度”表示。

(5)厅轿门形式

厅轿门形式是指电梯门的结构形式。按开门方式可分为中分式、旁开式、直分式等;按控制方式可分为手动开关门、自动开关门等。

(6)开门宽度与开门方向

开门宽度是指厅轿门完全开启时的净宽度。根据开门方向的不同,分为左开门和右开门两种。

(7)层站数

电梯运行其中的建筑物的层楼称为层,各层楼用以进出轿厢的地点称为站。

(8)机房形式

按机房的位置及有无,机房有上机房、下机房、无机房等形式。

二、电梯的型号

1. 电梯型号的编制

通常情况下,电梯、液压梯产品型号的编制由三部分组成,且第二部分和第三部分之间用短线分开,见图 1-2-1 所示。其中,第一部分用于说明电梯的类型、品种、拖动方式和改型代号,且类型、品种和拖动方式代号用具有代表意义的大写汉语拼音字母表示,产品的改型代号按顺序用小写汉语拼音字母表示,置于类型、品种和型号代号的右下方,如无,可以省略不写;第二部分用于说明电梯的主参数代号(额定载重量和额定速度),左上方为电梯的额定载重量,右下方为额定速度,中间用斜线分开,均用阿拉伯数字表示;第三部分表示电梯的控制方式,其代号用具有代表意义的大写汉语拼音字母表示。

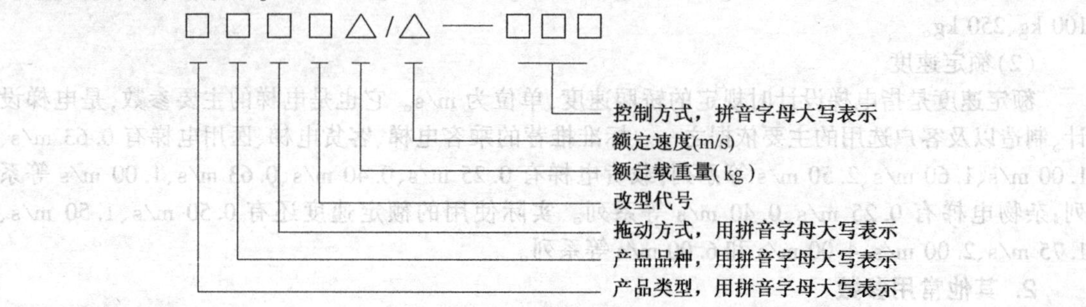

图 1-2-1　电梯型号表示法

2. 电梯产品型号示例

(1)TKJ1000/2.5-JX

含义:表示额定载重量为 1 000 kg、额定速度为 2.5 m/s 的采用集选控制方式的交流调速乘客电梯。

(2)TKZ1000/1.6-JX

含义:表示额定载重量为 1 000 kg、额定速度为 1.6 m/s 的采用集选控制方式的直流乘客电梯。

(3)TKJ1000/1.6-JXW

含义:表示额定载重量为 1 000 kg、额定速度为 1.6 m/s 的采用微机集选控制的交流调速乘客电梯。

(4)THY2000/0.63-AZ

含义:表示额定载重量为 2 000 kg、额定速度为 0.63 m/s 的采用按钮控制方式的自动门液压货梯。

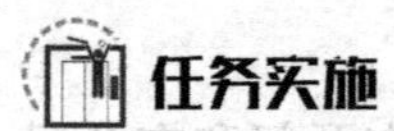

任务实施

填写测试记录单(见表 1-2-1),考查学生对任务的掌握情况。

表 1-2-1　测试记录单

测试内容	情况记录
简述电梯基本规格的组成	
什么是电梯的主参数	
电梯型号的编制包括哪几部分	
电梯的类型、品种、拖动方式和改型代号分别用什么表示	
电梯控制代号用什么表示	

续表

测 试 内 容	情 况 记 录
简述 THY1000/0.63-AZ 的含义	
简述 TKZ1000/2-JX 的含义	
简述 TKJ800/1.6-JX 的含义	

任务评价

(一)自我评价(40 分)

学生根据任务学习任务完成情况自我评价,见表 1-2-2。

表 1-2-2　自我评价表

评 价 内 容	配 分	评 价 标 准	扣 分	得 分
学习态度	10	学习态度端正,能做到课前预习、课后认真完成作业		
任务完成情况	90	掌握全部知识点,不扣分		
		知识掌握不全面,每错一个知识点扣 10 分(其中第 4 个知识点部分 20 分)		
自我评分=(1~2 项总分)×40%				

签名________　________年________月________日

(二)小组评价(30 分)

同组同学进行组内互评,见表 1-2-3。

表 1-2-3　小组评价表

项 目 内 容	配 分	评 分
课前预习与自我评价情况	60	
相互帮助与协作能力	20	
学习态度与组织纪律	20	
小组评分=(1~3 项总分)×30%		

参评人员签名________　________年________月________日

(三)教师评价(30 分)

指导教师结合自评与互评的结果进行综合评价,见表 1-2-4。

表 1-2-4　教师评价表

教师总体评价意见:	
教师评分(30 分)	
总评分=自我评分+小组评分+教师评分	

教师签名________　________年________月________日

任务三 电梯基本结构

学习目标

1. 了解电梯的基本结构组成。
2. 熟悉电梯的机械系统和电气系统。
3. 掌握电梯八大系统的各自组成及作用。
4. 培养学生理解问题的能力。

任务描述

本任务介绍电梯的基本结构，详细讲述组成电梯的八大系统各自的作用及其组成部件。

相关知识

作为现代科学技术的综合产品，电梯是机与电高度合一的大型复杂产品，其基本结构由机械部分和电气部分共八大系统组成。其中，机械系统包括曳引系统、导向系统、轿厢系统、门系统、重量平衡系统和安全保护系统；电气系统包括电力拖动系统和电气控制系统。

一、电梯的机械系统

1. 曳引系统

电梯曳引系统主要由曳引机、曳引钢丝绳、导向轮及电磁制动器等组成，如图 1-3-1 所示。其主要功能是输出与传递动力，曳引轿厢和对重上下运动，使电梯运行。

(1) 曳引机

曳引机主要由电动机和曳引轮等部件组成，作为工作部分，曳引轮被安装在曳引机的主轴上。如图 1-3-1 所示，曳引机的轮缘上有若干条绳槽，运行时，把悬挂重物的钢丝绳与曳引轮槽间产生的静摩擦力，作为电梯上升和下降的牵引力。

图 1-3-1 曳引系统

(2) 曳引钢丝绳

曳引钢丝绳的主要作用是连接轿厢和对重，并依靠与曳引轮间的摩擦力传递动力。通常情况下，由 4~6 根组成，承载着轿厢、对重装置、额定载重量等重量的总和。

(3) 导向轮

导向轮的主要作用是使轿厢与对重相对运动时不相互碰撞，并增加轿厢中心与对重中心之间的距离，既调整钢丝绳与曳引轮之间的包角大小，也调整轿厢与对重的相对位置。

(4)电磁制动器

电磁制动器由电磁铁、制动臂、制动闸瓦等部分组成。其作用是能使运行的电梯轿厢和对重在断电后立即停止运行，并在任何停止位置定位不动。电动机通电的情况下，当电梯准备启动时，电磁制动器上电松闸；当电梯停止运行或电动机掉电时，电磁制动器断电并靠弹簧力使制动器制动，曳引机停止运行并制停轿厢运行。

2. 导向系统

导向系统的主要功能是限制轿厢和对重的活动自由度，使轿厢和对重只能沿着导轨作升降运动。电梯导向系统由导轨、导靴和导轨架组成，如图1-3-2所示。

(1)导轨

导轨是在井道中确定轿厢和对重的相互位置，是用于导向作用的部件。通常情况下，电梯至少有四列导轨。

(2)导靴

导靴是安装在轿厢与对重导轨架上，利用靴衬(或滚轮)在导轨上滑动(滚动)，是强制轿厢与对重装置沿着导轨运行的导向装置，常与导轨配合。

(3)导轨架

导轨架是固定在井道壁或横梁上的，用于支撑和固定导轨的组件。

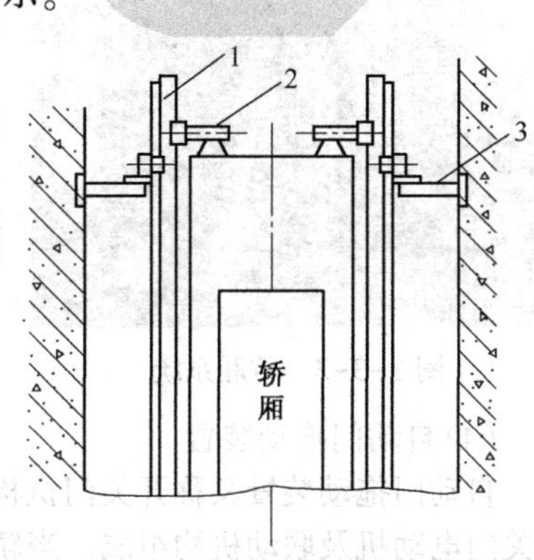

图1-3-2　导向系统

1—导轨；2—导靴；3—导轨架

3. 轿厢系统

轿厢系统是电梯的工作部分，主要作用是运送乘客和货物。轿厢系统由轿厢架和轿厢体组成，如图1-3-3所示。

(1)轿厢架

轿厢架是固定和支撑轿厢体的承重构架，由底梁、立柱和上梁等部件组成。

(2)轿厢体

轿厢体是运载乘客或其他载荷的工作窗体，由轿厢底、轿厢壁、轿厢顶、轿厢装饰顶、轿厢扶手及轿厢防护栏等部件组成。

4. 门系统

电梯门系统的主要功能是封住层站入口和轿厢入口。门系统由轿厢门、层门、门锁装置、自动门拖动装置等部件组成。

(1)轿厢门

轿厢门又称箱门，是设在轿厢入口的门，由门扇、门刀、门机、门导轨架、轿门地坎及门滑块等组成。轿厢门系统结构如图1-3-4所示。

(2)层门

层门又称厅门，是设置在各层停靠站通向井道入口处的门，由门扇、门导轨架、门导靴、自动门锁、地坎、厅门联动机构和紧急开锁装置等部件组成。

(3)门锁装置

门锁装置设置在电梯层门内侧，门关闭后将门锁紧，同时接通门电连锁电路，使电梯启动运行。通常情况下，轿门能在轿厢内和轿厢外手动打开，而层门只能在井道内被人解脱门锁后打开，在厅外只能使用专业钥匙打开。

图 1-3-3 轿厢系统

图 1-3-4 轿厢门系统结构

(4)自动门拖动装置

自动门拖动装置又称开关门机构,是轿厢门和层门开启或关闭的装置,由安装在轿厢顶上的开关门电动机及联动机构组成。当轿厢停在平层区域时,通过安装在轿门上的门刀与厅门上的自动门锁配合,控制门电动机的正转和反转,从而实现轿厢门和层门同时开启或关闭。

5. 重量平衡系统

重量平衡系统由对重和重量补偿装置组成,如图 1-3-5 所示。其主要作用是通过对重平衡轿厢重量。在电梯工作过程中,重量平衡系统能使轿厢与对重间的重量差保持在限额之内,以确保电梯曳引传动正常。对重装置的总重量,与轿厢本身的净重和额定载重量有关,计算公式为:

$$P = G + KQ$$

式中:P——对重装置总质量;

G——轿厢净重;

Q——电梯额定载重量;

K——平衡系数(一般取 0.45~0.5)。

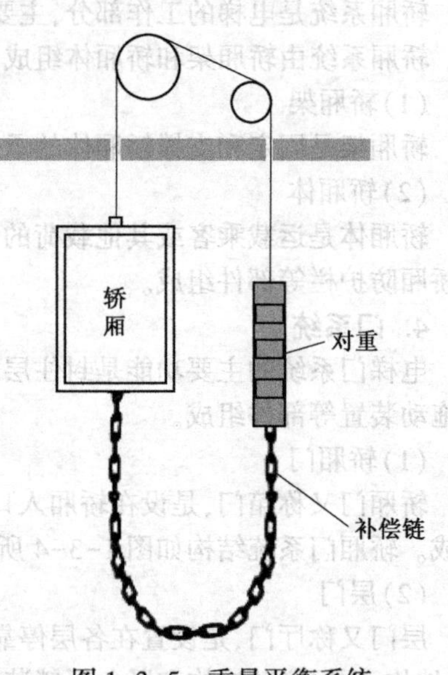

图 1-3-5 重量平衡系统

(1)对重

对重主要由对重架和对重块组成。在其两侧装有导靴,有些电梯在对重两侧还装有安全钳,在井道底部装有护栏。对重块装入对重架后应压紧,防止窜动。

(2)重量补偿装置

重量补偿装置由补偿链和补偿绳两部分组成。其中,补偿链用于梯速不大于 1.75 m/s 的电梯;补偿绳比较稳定,补偿效果好,常用于 1.75 m/s 以上的电梯上,并在其底部设张绳轮。由于对称补偿法具有质量轻、补偿效果好的特点,重量补偿装置常采用对称补偿法。

6. 安全保护系统

电梯安全系统一般由机械安全保护装置和电气安全保护装置两大部分组成。其中,机械部分主要由限速装置、缓冲器等组成;电气部分主要由终端保护装置和各种连锁开关组成。

(1)限速装置

电梯限速装置主要由限速器和安全钳组成。其中,限速器安装在机房中(见图1-3-6),其主要作用是当电梯轿厢的运行速度达到限定值时,能发出电信号并产生机械动作,切断控制电路或迫使安全钳动作;安全钳安装在轿厢(和对重)的两侧,它能接受限速器操纵,并以机械动作将轿厢强行制停在导轨上。

图1-3-6　电梯限速器安装位置

限速装置的动作原理如下:当轿厢超过设定速度时,限速器立即动作,并使轿厢停止运行,同时切断电气控制回路。若轿厢仍然运动,则钢丝绳通过传动装置提起轿厢两侧的安全钳,并将轿厢制动在导轨上。

(2)缓冲器

缓冲器位于电梯行程的端部,是安装在井道底坑地面上的一种弹性缓冲制停安全装置,其主要作用是当轿厢超过极下限位时,用来吸收轿厢或对重装置所产生的动能。

(3)端站保护装置

端站保护装置是一组防止电梯超越上、下端站的安全开关,其主要作用是在轿厢运行超越端站且轿厢或对重装置未接触缓冲器之前,强迫切断控制电路或主回路,使电梯被电磁制动器所制动。所有的端站保护装置都有强迫减速开关、终端限位开关和极限开关。

端站保护装置的动作原理如下:当电梯失控行至顶层或底层不能换速停止时,装在轿厢上的开关挡板首先与装在井道上的强迫减速开关的碰轮接触,开关的动作会使轿厢减速。若仍未减速停止,则轿厢上的开关挡板将顺次与终端限位开关的碰轮相撞,使控制电路断电,轿厢停止。当超越限位开关仍未停止时,轿厢开关挡板会与极限开关的碰轮相碰,同时牵动与极限开关相连的钢丝绳,使只有人工才能复位的极限开关拉闸动作,切断主回路电源,迫使轿厢停止运行。

(4)钢丝绳张紧开关

钢丝绳张紧开关的主要作用是当钢丝绳发生断绳或拉长变形时,其张紧开关断开,切断控制电路。

(5)安全窗开关

轿厢顶棚设有便于轿顶检修和断电中途停梯而脱离轿厢的安全窗。安全窗开关的主要作用是窗口关好后,电梯的控制电路才能接通。

二、电梯的电气系统

1. 电力拖动系统

电梯电力拖动系统由曳引电动机、供电系统、速度反馈装置和电动机调速装置等组成。其主要作用是提供运行的动力,从而实现电梯运行速度的控制。

(1)曳引电动机

曳引机又称主机,是电梯的动力设备,由电动机、制动器、联轴器、减速箱、曳引轮、机架和导向轮及附属盘车手轮等部件组成,主要作用是输送与传递动力使电梯运行。根据电梯配置的不同,曳引电动机可采用交流电机或直流电机两种。

(2)供电系统

电梯的供电系统的主要作用是为曳引电动机提供电源的装置。为保障电梯用电,常配置两路独立的供电电源,以防止供电中断而使乘客滞留在行驶的电梯内。当一路电源发生故障或进行维修时,另一路电源自动投入。

(3)速度反馈装置

电梯速度反馈装置的主要作用是为调速系统提供电梯运行的速度信号。它通过电动机轴带动测速发电机检测出轿厢的速度,并同速度信号发生器发出的给定电压相比较得到正或负的电位差,使转换放大器动作,从而起到控制电梯运行速度的作用。

(4)电动机调速装置

电动机调速装置的主要作用是对曳引电动机实行调速控制。常用的微机变频调速电梯原理如下:将预先设计好的电梯运行速度曲线保存在微机主板中,然后通过调整电动机的频率,使电梯的实际运行速度符合设定的速度曲线,电动机在某一时刻的转数是由闭环回路的旋转编码器反馈的,且转数与频率成正比。

2. 电气控制系统

电梯电气控制系统主要包括层站电气装置、井道主要电气装置、轿厢电气装置和控制柜(屏)电气装置。

(1)层站电气装置

层站电气装置主要包括楼层显示器、按钮箱及层门电锁等部件。其中,楼层显示器主要指轿厢内和层站的指示灯;按钮箱能起到指示和反馈轿厢位置、决定运行方向和发出减速信号等的作用。层门电锁一般与机械锁组装成一体,称为机电联锁,由于在安装层门时已定好位置,只需检查开关动作是否灵活、触电是否可靠,接触后应留有一定的压缩余量,同时接上导线即可。

(2)井道主要电气装置

井道内的主要电气装置包括电管、接线盒(箱)、电线槽、各种限位开关、底坑电梯停止开关,井道内固定照明等部件。其中,减速开关、限位开关、极限开关分别用于电梯上、下端站的强迫减速和限位之用。根据电梯的运行速度可设若干个减速开关,速度越高,减速开关设置越多,减速开关的数量是根据人体能承受的减速度而确定的:一般速度为 1 m/s 的双速交流电梯,只设一个减速开关;作为限制轿厢超越行程的限位开关,则不论电梯运行速度快慢均只设一个。在安装减速开关或限位开关时,应先将开关装在支架上,然后再将支架用压导板固定于轿厢导轨的相应位置上。

(3)轿厢电气装置

轿厢电气装置包括轿内电气装置和轿顶电气装置两部分。其中,轿内电气装置主要有操纵箱、信号箱、层楼显示器、照明及风扇等部件;轿顶电气装置主要有自动门机、平层、减速感应装置,以及各种安全开关和轿顶检修操纵箱等部件。

(4)控制柜(屏)电气装置

电梯控制柜(见图 1-3-7)安装在曳引机旁边,是电梯的电气装置和信号控制中心,主要包括控制板或控制器、变压器、桥堆和电容、空气开关或保险丝、继电器和接触器、变频器、电源线、信号线、端子或连接器等元件。

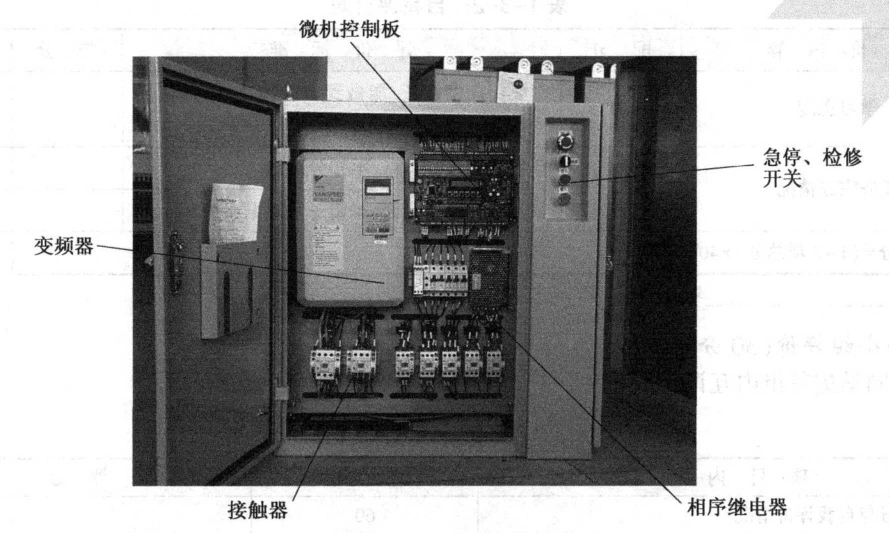

图 1-3-7 电梯控制柜

在机房布线时,电缆线可以通过线槽从各个方向把线引入控制柜;电缆线也可以通过明线槽,从控制柜的后面或前面的引线口把线引入控制柜。电梯动力线与控制线应分离敷设,从进机房电源起,零线和接地线应始终分开,接地线的颜色为黄绿绝缘电线。除 36 V 及其以下安全电压外的电气设备,金属壳均应设有易于识别的接线。

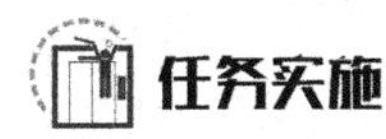

任务实施

填写测试记录单(见表 1-3-1),考查学生对任务的掌握情况。

表 1-3-1 测试记录单

测 试 内 容	情 况 记 录
简述电梯的基本结构	
电梯的机械系统和电气系统分别是怎样构成的	
简述电梯曳引系统的组成及作用	
简述电梯导向系统的组成及作用	
简述电梯门系统的组成及作用	
简述电梯重量平衡系统的组成及作用	
简述电梯轿厢系统的组成及作用	
简述电梯安全保护系统的组成及作用	
简述电梯电力拖动系统的组成及作用	
简述电梯电气控制系统的组成及作用	

任务评价

(一)自我评价(40分)

学生根据任务学习完成情况自我评价,见表1-3-2。

表1-3-2 自我评价表

评价内容	配分	评价标准	扣分	得分
学习态度	10	学习态度端正,能做到课前预习、课后认真完成作业		
任务完成情况	90	掌握全部知识点,不扣分		
		知识掌握不全面,每错一个知识点扣9分		
自我评分=(1~2项总分)×40%				

签名________ ________年________月________日

(二)小组评价(30分)

同组同学进行组内互评,见表1-3-3。

表1-3-3 小组评价表

项目内容	配分	评分
课前预习与自我评价情况	60	
相互帮助与协作能力	20	
学习态度与组织纪律	20	
小组评分=(1~3项总分)×30%		

参评人员签名________年________月________日

(三)教师评价(30分)

指导教师结合自评与互评的结果进行综合评价,见表1-3-4。

表1-3-4 教师评价表

教师总体评价意见:	
教师评分(30分)	
总评分=自我评分+小组评分+教师评分	

教师签名________ ________年________月________日

思考与练习

一、填空

1. 电梯是指以________作为拖动动力,利用沿两根垂直的或垂直倾斜度小于________的刚性导轨运行的________或者沿固定线路运行的梯级________的特种设备,是建筑物内________的总称。

2. 按照不同的用途，电梯可分为________、________、________、________、________、________、________、________和________等。

3. 按照驱动方式的不同，电梯可分为________、________、________、________、________和________等。

4. 按照运行速度的不同，电梯可分为________、________、________和________。

5. 按有无司机操纵，电梯可分为________、________和________三种。

6. 按操纵控制方式的不同，电梯可分为________、________、________、________、________和________。

7. 电梯的主参数指________和________。

8. 电梯机械系统包括________、________、________、________、________和________；电梯电气系统包括________和________。

二、思考题

1. 简述电梯基本规格的组成。
2. 电梯的类型、品种、拖动方式和改型代号分别用什么表示?
3. 简述 THY1000/0.63-AZ、TKZ1000/2-JX、TKJ800/1.6-JX 的含义。
4. 简述电梯曳引系统的组成及作用。
5. 简述电梯导向系统的组成及作用。
6. 简述电梯门系统的组成及作用。
7. 简述电梯重量平衡系统的组成及作用。
8. 简述电梯轿厢系统的组成及作用。
9. 简述电梯安全保护系统的组成及作用。
10. 简述电梯电力拖动系统的组成及作用。
11. 简述电梯电气控制系统的组成及作用。

项目二

电梯维护保养常用工具

项目二 电梯维护保养常用工具

- 电梯常用量具
  - 游标卡尺
  - 螺旋测微计
  - 塞尺
- 电气测量仪器仪表
  - 万用表
  - 钳形电流表
  - 携带式绝缘电阻表
  - 半导体点温计
  - 手持式转速表
  - 声级计
  - 接地电阻测量仪
  - 电流表
  - 电压表

任务一　电气测量仪器仪表

学习目标

1. 掌握电梯维护常用仪器仪表的种类、构造和基本工作原理。
2. 熟悉电梯维护常用仪器仪表的使用方法。

任务描述

电梯维护时电气测量仪器仪表是最常用的维护工具。通过电气测量仪器仪表的使用判断分析电梯故障点，了解电梯运行的情况，熟悉电梯维护常用仪器仪表的使用方法。

相关知识

一、万用表

万用表一般以测量电压、电流和电阻为主要目的。万用表按显示方式分为数字万用表（见图 2-1-1）和指针万用表（见图 2-1-2）。万用表是一种多功能、多量程的测量仪表，一般万用表可测量直流电流、直流电压、交流电流、交流电压、电阻和音频电平等，有的还可以测交流电流、电容量、电感量及半导体的一些参数（如 β）等。下面以指针万用表为例，详细介绍万用表的使用方法。

图 2-1-1　数字万用表

图 2-1-2　指针万用表

1. 万用表的使用

①在使用万用表之前，应先进行“机械调零”，即在没有被测电量时，使万用表指针指在零电压或零电流的位置上。

②在使用万用表的过程中，不能用手去接触表笔的金属部分，这样一方面可以保证测量的准确，另一方面也可以保证人身安全。

③在测量某一电量时，不能在测量的同时换挡，尤其是在测量高电压或大电流时，更应注意。否则，会毁坏万用表。如需换挡，应先断开表笔，换挡后再去测量。

④万用表在使用时，必须水平放置，以免造成误差。同时，还要注意到避免外界磁场对万用表的影响。

⑤万用表使用完毕，应将转换开关置于交流电压的最大挡。如果长期不使用，还应将万用表内部的电池取出来，以免电池腐蚀表内其他器件。

2. 万用表欧姆挡的使用

①选择合适的倍率。在用万用表欧姆挡测量电阻时，应选适当的倍率，使指针指示在中值附近，最好不使用刻度左边 1/3 的部分，这部分刻度密集，辨识度很差。

②使用前要调零。

③不能带电测量。

④被测电阻不能有并联支路。

⑤测量晶体管、电解电容等有极性元件的等效电阻时，必须注意两支表笔的极性。

用万用表不同倍率的欧姆挡测量非线性元件的等效电阻时，测出电阻值是不相同的。这是由于各挡位的中值电阻和满度电流各不相同所造成的，机械表中，一般倍率越小，测出的阻值越小。

3. 万用表电流挡的使用

①进行机械调零。

②选择合适的量程挡位。

③使用万用表电流挡测量电流时，应将万用表串联在被测电路中，因为只有串联才能使流过电流表的电流与被测支路电流相同。测量时，应断开被测支路，将万用表红、黑表笔串联在被断开的两点之间。特别应注意，电流表不能并联在被测电路中，这样做是很危险的，极易使万用表烧毁。

④注意被测电源极性。

⑤正确读数。

二、钳形电流表

钳形电流表（见图 2-1-3）是由电流互感器和电流表组合而成的。电流互感器的铁芯在捏紧扳手时可以张开；被测电流所通过的导线可以不必切断就可穿过铁芯张开的缺口，当放开扳手后铁芯闭合。

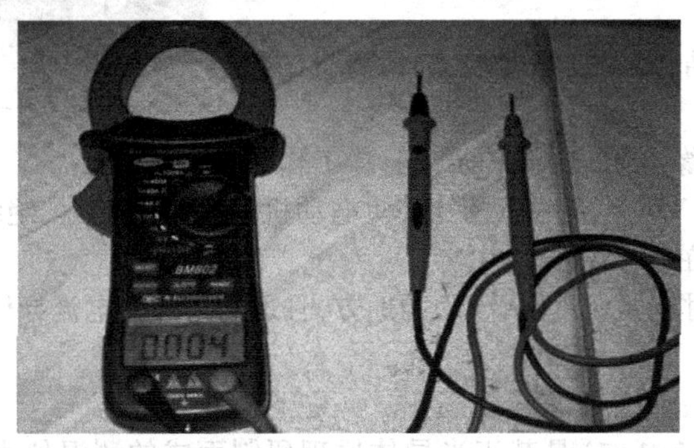

图 2-1-3　钳形电流表

钳形电流表的使用方法如下：

①正确查看钳形电流表的外观情况，一定要仔细检查电流表的绝缘性能是否良好，绝缘层无破损，手柄应清洁干燥。若指针不在零位，应进行机械调零。钳形电流表的钳口应紧密接合，若指针晃动，可重新开闭一次钳口。根据被测电流的种类电压等级正确选择钳形电流表，被测线路的电压要低于钳形电流表的额定电压。测量高压线路的电流时，应选用与其电压等级相符的高压钳形电流表。

②使用时应按紧扳手，使钳口张开，将被测导线放入钳口中央，然后松开扳手并使钳口闭合紧密。钳口的结合面如有杂声，应重新开合一次，仍有杂声，应处理结合面，以使读数准确。另外，不可同时钳住两根导线。读数后，将钳口张开，将被测导线退出，将挡位置于电流最高挡或OFF挡。

③钳形电流表要接触被测线路，所以钳形电流表不能测量裸导体的电流。用高压钳形电流表测量时，应由两人操作，测量时应戴绝缘手套，站在绝缘垫上，不得触及其他设备，以防止短路或接地。

④测量时应注意身体各部分与带电体保持安全距离，低压系统安全距离为0.1~0.3 m。测量高压电缆各相电流时，电缆间距离应在300 mm以上，且绝缘良好，待认为测量方便时，方能进行。观测测量结果时，要特别注意保持头部与带电部分的安全距离，人体任何部分与带电体的距离不得小于钳形电流表的整个长度。

⑤当测量小于5 A以下的电流时，为使读数更准确，在条件允许时，可将被测载流导线绕数圈后放入钳口进行测量。此时被测导线实际电流值应等于仪表读数值除以放入钳口的导线圈数。

三、绝缘电阻表

绝缘电阻表(见图2-1-4)又称兆欧表、摇表、梅格表，用来测量最大电阻值、绝缘电阻、吸收比以及极化指数，它的标度单位是兆欧，它本身带有高压电源。电器产品的绝缘性能是评价其绝缘好坏的重要标志之一，它通过绝缘电阻反映出来。

图2-1-4 绝缘电阻表

绝缘电阻表的使用方法如下：

①测量前必须将被测设备电源切断，并对地短路放电，决不允许设备带电进行测量，以保证人身和设备的安全。

②对可能感应出高压电的设备，必须消除这种可能性后，才能进行测量。

③被测物表面要清洁，减少接触电阻，确保测量结果的正确性。

④测量前要检查绝缘电阻表是否处于正常工作状态，主要检查其“0”和“∞”两点，即摇动手柄，使电动机达到额定转速，绝缘电阻表在短路时应指在“0”位置，开路时应指在“∞”位置。

⑤绝缘电阻表使用时应放在平稳、牢固的地方，且远离大的外电流导体和外磁场。

四、半导体点温计

半导体点温计(见图2-1-5)是基于半导体原理研制而成的测温仪表，是温度计中的一个分类，专门用于精确地点式测量物体温度。

五、手持式数字转速表

手持式数字转速表（见图 2-1-6），测量范围广，精度高，功能多，使用方便，可测量转速、线速度及频率，并具有记数功能。使用时，在被测旋转物体上贴一块反射标记，将转速表的可见光点对准反射标记即可进行测量。转速表有最大值、最小值报警功能，能储存最后一次测量值及本次测量过程中最大值、最小值。

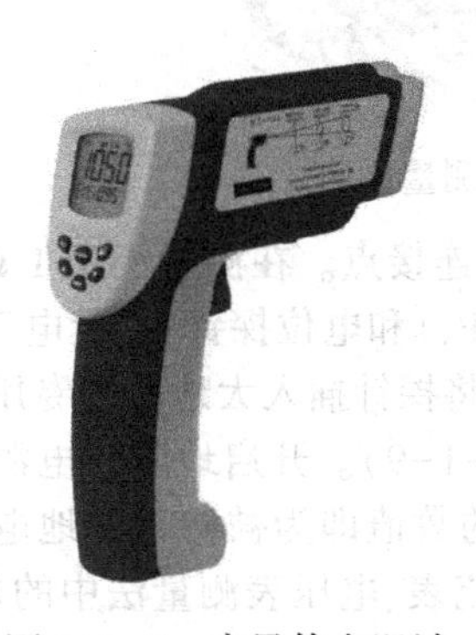

图 2-1-5　半导体点温计

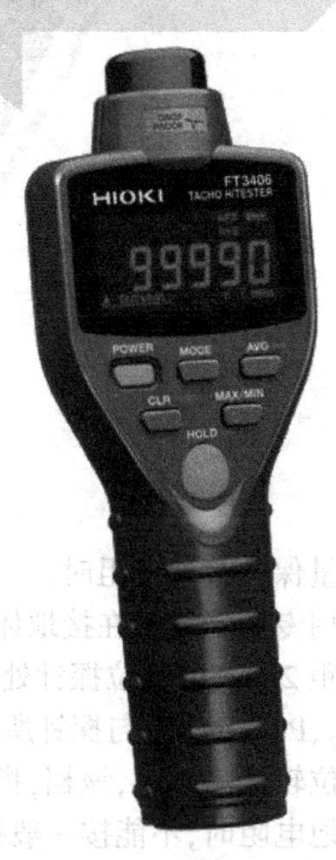

图 2-1-6　手持式数字转速表

六、声级计

声级计（见图 2-1-7）又称噪声计、分贝仪，它以分贝（dB）作为计量噪声强弱的示值单位。它把声信号转换为电信号。测量机械噪声或振动时，除可测量总的噪声级以外，还可测量噪声的频谱特性。

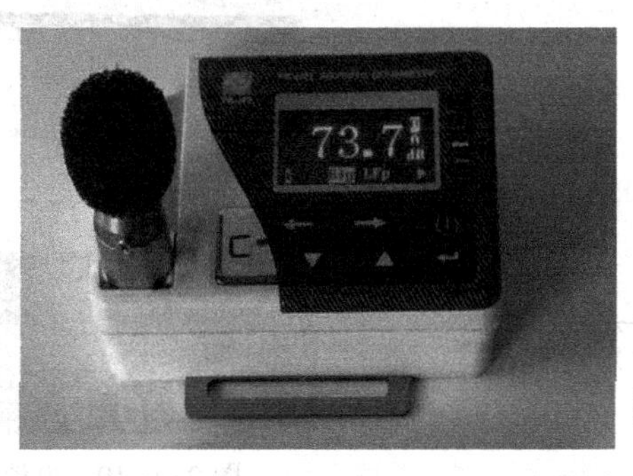

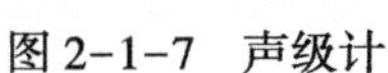

图 2-1-7　声级计

七、接地电阻测量仪

接地电阻测量仪(见图 2-1-8)适用于测量各种装置的接地电阻以及测量低电阻导体的电阻值,接地电阻测量仪还可以测量土壤电阻率及地电压。

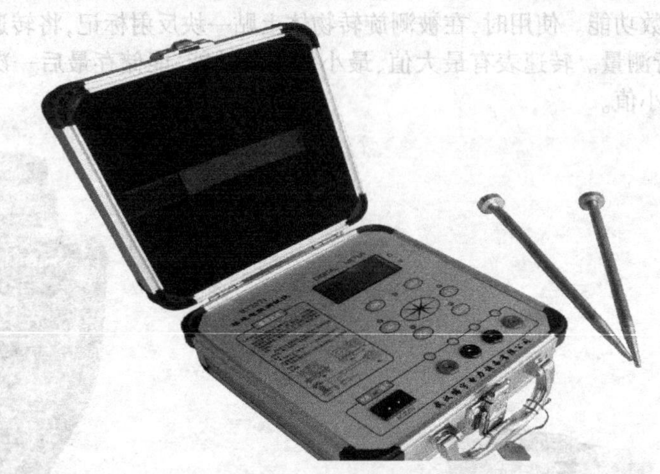

图 2-1-8 接地电阻测量仪

测量保护接地电阻时,一定要断开电气设备与电源连接点。在测量小于 1 Ω 的接地电阻时,应分别用专用导线连在接地体上,沿被测接地极 E(C_2、P_2)和电位探针 P_1 及电流探针 C_1,依直线彼此相距 20 m,使电位探针处于 E、C 中间位置,按要求将探针插入大地。用专用导线将地阻仪端子 E(C_2、P_2)、P_1、C_1 与探针所在位置对应连接(见图 2-1-9)。开启地阻仪电源开关"ON",选择合适挡位轻按一下键,该档,指标灯亮,表头 LCD 显示的数值即为被测得的地电阻。测量大型接地网接地电阻时,不能按一般接线方法测量,可参照电流表、电压表测量法中的规定选定埋插点。测量接地电阻时最好反复在不同的方向测量 3~4 次,取其平均值。

八、电流表

电流表是指用来测量交、直流电路中电流的仪表。主要包括:三个接线柱[有"+"和"-"两种接线柱,如(+,-0.6 A,-3 A)或(-,0.6 A,3 A)]、指针、刻度等(交流电流表无正负接线柱),如图 2-1-10 所示。

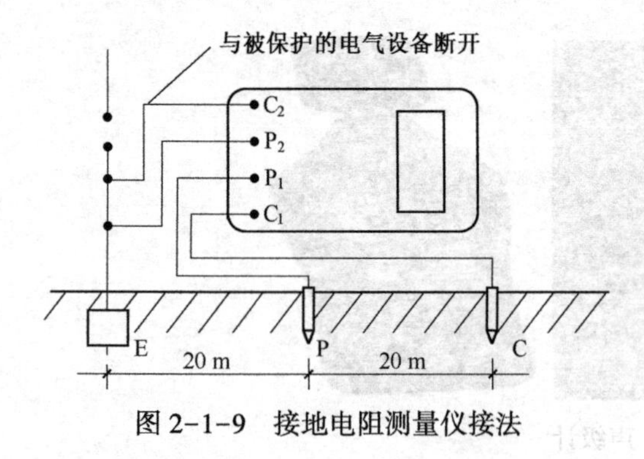

图 2-1-9 接地电阻测量仪接法

图 2-1-10 电流表

九、电压表

电压表是测量电压的一种仪器,如图 2-1-11 所示。

十、电能表

专门用来计量某一时间段电能累计值的仪表叫作电能表,俗称电度表、火表,如图 2-1-12 所示。

图 2-1-11　电压表

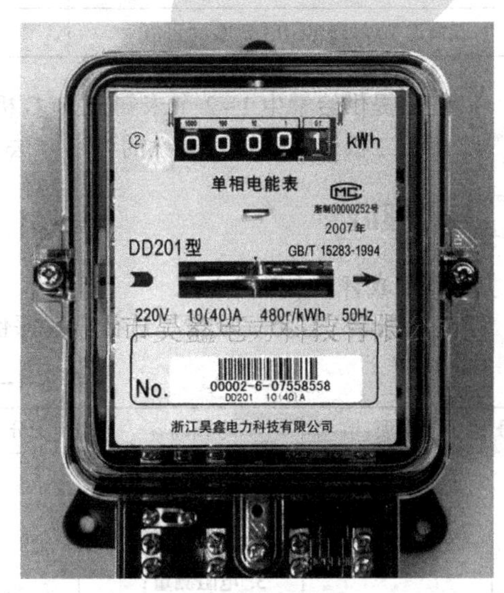

图 2-1-12　电能表

使用电能表时要注意,在低电压(不超过 500 V)和小电流(几十安)的情况下,电能表可直接接入电路进行测量。在高电压或大电流的情况下,电能表不能直接接入电路,需配合电压互感器或电流互感器使用。对于直接接入电路的电能表,要根据负载电压和电流选择合适规格,使电能表的额定电压和额定电流等于或稍大于负载的电压或电流。另外,负载的用电量要在电能表额定值的 10% 以上,否则计量不准,甚至有时根本带不动铝盘转动。所以电能表不能选得太大。若选得太小也容易烧坏电能表。

任务实施

1. 用万用表测量二极管。用万用表分别测量二极管 1N4007、1N4148、2DW231 和发光二极管的正反向电阻,并记录于表格中,见表 2-1-1。

表 2-1-1　二极管正反向电阻测量表

二极管型号	1N4007	1N4148	2DW231	发光二极管
正向电阻				
反向电阻				

2. 用万用表测量三极管。根据判别三极管极性的方法,按表 2-1-2 的要求测量 3DG12

与3CG12。

表2-1-2　判别三极管极性表

三极管型号	3DG12	3CG12
一脚对另两脚电阻都大时阻值		
一脚对另两脚电阻都小时阻值		
基极连100 kΩ电阻时C-E间阻值		
基极连100 kΩ电阻时E-C间阻值		

3. 教师提供给学生1~2个未知E、B、C极的三极管，由学生来确定它的E、B、C极。
4. 总结二极管和三极管极性的判别方法。

任务评价

（一）自我评价（40分）

学生根据学习任务完成情况进行自我评价，见表2-1-3。

表2-1-3　自我评价表

序号	实训项目	考核内容	配分	评分标准	评分记录	扣分	得分
1	万用表的使用	1. 交、直流电压测量； 2. 直流电流测量； 3. 电阻测量； 4. 二极管测量	25	1. 不能识别挡位：0分； 2. 基本掌握测量方法：15分； 3. 熟练掌握测量方法：25分			
2	钳形电流表的使用	测量交、直流电流	15	1. 不能识别挡位：0分； 2. 基本掌握测量方法：10分； 3. 熟练掌握测量方法：15分			
3	绝缘电阻表的使用	测量绝缘电阻阻值	20	1. 不能识别挡位：0分； 2. 基本掌握测量方法：15分； 3. 熟练掌握测量方法：20分			
4	接地电阻测量仪	接地电阻测量方法	20	1. 不能正确使用：0分； 2. 基本掌握使用方法：15分； 3. 熟练掌握使用方法：20分			
5	安全文明操作	遵守安全操作规程，安全用电，防火，无人身设备事故	10	1. 因违规操作发生重大人身和仪表使用事故，按0分计； 2. 现场工具、仪表摆放混乱，不能及时清理，扣5分			
6	实训总结报告	按时提交总结报告	10	1. 不能按时提交报告，扣5分； 2. 报告不认真，没有个人分析，酌情扣2~3分			
7	合计		100				

（二）小组评价（30 分）

同一实训小组同学进行互评，见表 2-1-4。

表 2-1-4　小组评价表

项目内容	配分	评分
实训记录与自我评价情况	30	
相互帮助与协作能力	30	
安全、质量意识与责任心	40	
小组评分=(1~3 项总分)×30%		

参评人员签名________　________年________月________日

（三）教师评价（30 分）

指导教师结合自评与互评的结果进行综合评价，见表 2-1-5。

表 2-1-5　综合评价表

教师总体评价意见：	
教师评分(30 分)	
总评分=自我评分+小组评分+教师评分	

教师签名________　________年________月________日

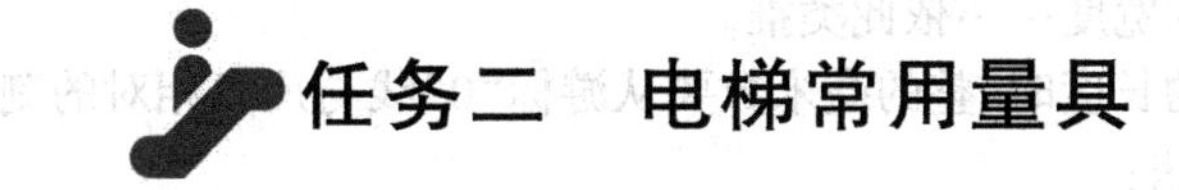

任务二　电梯常用量具

学习目标

1. 掌握电梯维护常用量具的种类和基本工作原理。
2. 熟悉电梯维护常用量具的使用和使用中的注意事项。

任务描述

电梯维护有很多需要测量的内容，如配合的间隙、垂直度、水平度和平面度等。通过完成电梯维护常用量具使用方法的学习，能正确及熟练使用测量工具，按照电梯安装与验收的规范、标准完成指定的工作任务。

相关知识

一、游标卡尺

游标卡尺（见图 2-2-1），是一种测量长度、内外径、深度的量具。游标卡尺由主尺和附在主尺上能滑动的游标两部分构成。主尺一般以毫米为单位,而游标上则有10、20或50个分格,根据分格的不同,游标卡尺可分为十分度游标卡尺、二十分度游标卡尺、五十分度格游标卡尺等。游标卡尺的主尺和游标上有两副活动量爪,分别是内测量爪和外测量爪,内测量爪通常用来测量内径,外测量爪通常用来测量长度和外径。

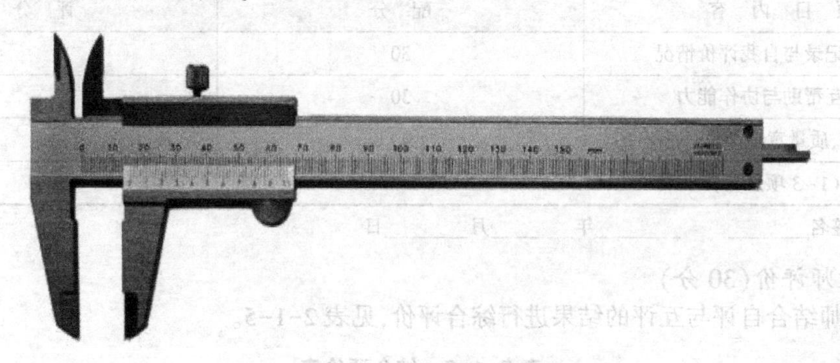

图2-2-1 游标卡尺

尺身和游标尺上面都有刻度。以准确到0.1 mm的游标卡尺为例,尺身上的最小分度是1 mm,游标尺上有10个小的等分刻度,总长9 mm,每一分度为0.9 mm,比主尺上的最小分度相差0.1 mm。量爪并拢时尺身和游标的零刻度线对齐,它们的第一条刻度线相差0.1 mm,第二条刻度线相差0.2 mm……第10条刻度线相差1 mm,即游标的第10条刻度线恰好与主尺的9 mm刻度线对齐。

当量爪间所量物体的宽度为0.1 mm时,游标尺向右应移动0.1 mm。这时它的第一条刻度线恰好与尺身的1 mm刻度线对齐。同样当游标的第五条刻度线跟尺身的5 mm刻度线对齐时,说明两量爪之间有0.5 mm的宽度……依此类推。

在测量大于1 mm的长度时,整的毫米数要从游标"0"线与尺身相对的刻度线读出。

游标卡尺的使用方法:

用软布将量爪擦干净,使其并拢,查看游标和主尺身的零刻度线是否对齐。如果对齐就可以进行测量,如没有对齐则要记取零误差:游标的零刻度线在尺身零刻度线右侧的叫正零误差,在尺身零刻度线左侧的叫负零误差(这种规定方法与数轴的规定一致,原点以右为正,原点以左为负)。

测量时,右手拿住尺身,大拇指移动游标,左手拿待测外径(或内径)的物体,使待测物位于外测量爪之间,当与量爪紧紧相贴时,即可读数。

当测量零件的外尺寸时:卡尺两侧量面的连线应垂直于被测量表面,不能歪斜。测量时,可以轻轻摇动卡尺,放正垂直位置。先把卡尺的活动量爪张开,使量爪能自由地卡进工件,把零件贴靠在固定量爪上,然后移动尺框,用轻微的压力使活动量爪接触零件。如卡尺带有微动装置,此时可拧紧微动装置上的固定螺钉,再转动调节螺母,使量爪接触零件并读取尺寸。绝不可把卡尺的两个量爪调节到接近甚至小于所测尺寸,再把卡尺强制卡到零件上去。这样做会使量爪变形或使测量面过早磨损,使卡尺失去应有的精度。

二、螺旋测微计

螺旋测微计又称千分尺(micrometer)、螺旋测微仪、分厘卡(见图2-2-2),是比游标卡尺更精密的测量长度的工具,用它测长度可以准确到0.01 mm,测量范围为几厘米。它的一部分加工成螺距为0.5 mm的螺纹,当它在固定套管B的螺套中转动时,将前进或后退,活动套管和螺杆连成一体,其周边等分成 50 个分格。螺杆转动的整圈数由固定套管上间隔 0.5 mm 的刻线去测量,不足一圈的部分由活动套管周边的刻线去测量,最终测量结果需要估读一位小数。

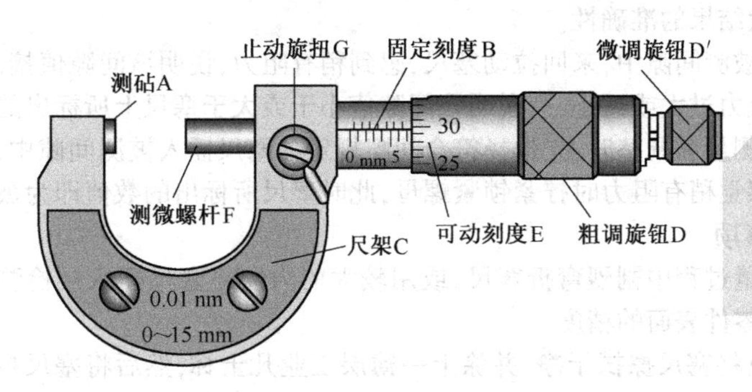

图 2-2-2　螺旋测微器

1. 使用方法

①使用前应先检查零点:缓缓转动微调旋钮 D′,使测微螺杆 F 和测砧 A 接触,到棘轮发出声音为止,此时可动刻度(活动套筒)上的零刻线应当和固定刻度上的基准线(长横线)对正,否则有零误差。

②左手持尺架 C,右手转动粗调旋钮 D 使测微螺杆 F 与测砧 A 间距稍大于被测物,放入被测物,转动微调旋钮 D′到夹住被测物,直到棘轮发出声音为止,拨动止动旋钮 G 使测微螺杆固定后读数。

2. 读数方法

①测量结果如图 2-2-3 所示。先读固定刻度。

②再读半刻度,若半刻度线已露出,记作 0.5 mm;若半刻度线未露出,记作 0.0 mm。

③再读可动刻度(注意估读)。记作 n×0.01 mm。

④最终读数结果为固定刻度+半刻度+可动刻度+估读,图 2-2-3 读数为 8.561 mm。

三、塞尺

塞尺是由一组具有不同厚度级差的薄钢片组成的量规(见图 2-2-4),用于测量间隙尺寸。塞尺一般用不锈钢制造,最薄的为 0.02 mm,最厚的为 3 mm。自 0.02~0.1 mm 间,各钢片厚度级差为 0.01 mm;自 0.1~1 mm 间,各钢片的厚度级差一般为 0.05 mm;自 1 mm 以上,钢片的厚度级差为 1 mm。除了米制以外,也有英制的塞尺。

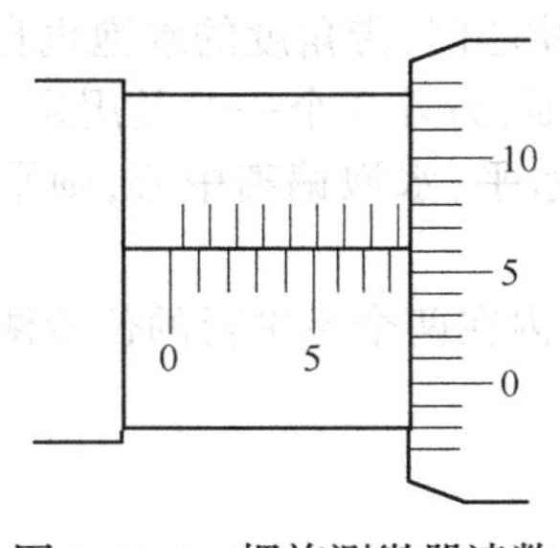

图 2-2-3　螺旋测微器读数

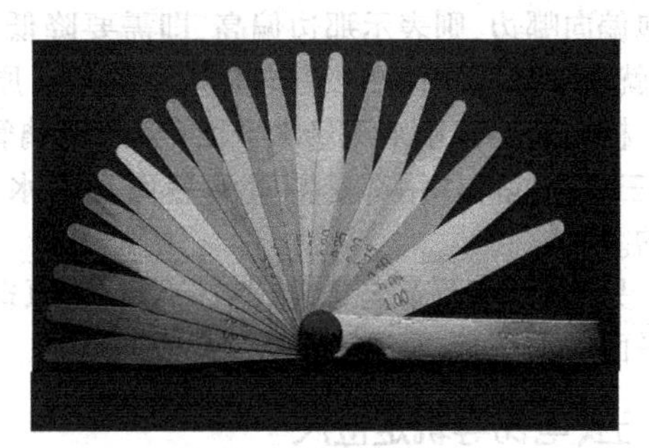

图 2-2-4　塞尺

1. 使用方法

①用干净的布将塞尺测量表面擦拭干净，不能在塞尺沾有油污或金属屑末的情况下进行测量，否则将影响测量结果的准确性。

②将塞尺插入被测间隙中，来回拉动塞尺，感到稍有阻力，说明该间隙值接近塞尺上所标出的数值；如果拉动时阻力过大或过小，则说明该间隙值小于或大于塞尺上所标出的数值。

③进行间隙的测量和调整时，先选择符合间隙规定的塞尺插入被测间隙中，然后一边调整，一边拉动塞尺，直到感觉稍有阻力时拧紧锁紧螺母，此时塞尺所标出的数值即为被测间隙值。

2. 使用注意事项

①不允许在测量过程中剧烈弯折塞尺，或用较大的力硬将塞尺插入被检测间隙，否则将损坏塞尺的测量表面或零件表面的精度。

②使用完后，应将塞尺擦拭干净，并涂上一薄层工业凡士林，然后将塞尺折回夹框内，以防锈蚀、弯曲、变形而损坏。

③存放时，不能将塞尺放在重物下，以免损坏塞尺。

四、水平尺

水平尺（见图 2-2-5）主要用来检测或测量水平和垂直度，可分为铝合金方管型、工字形、压铸型、塑料型、异形等多种规格；长度从 10 cm 到 250 cm，有多个规格。水平尺用于检验、测量、划线、设备安装、工业工程的施工。

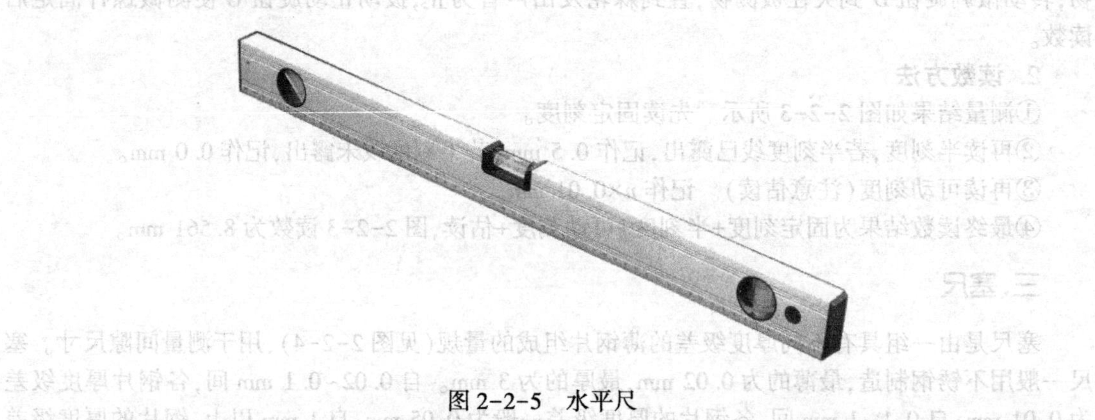

图 2-2-5　水平尺

一般水平尺都有三个玻璃管，每个玻璃管中有一个气泡。将水平尺放在被测物体上，水平尺气泡偏向哪边，则表示那边偏高，即需要降低该侧的高度，或调高相反侧的高度，将水泡调整至中心，就表示被测物体在该方向是水平的了。原则上，横竖都在中心时，带角度的水泡也自然在中心了。横向玻璃管用来测量水平面，竖向玻璃管用来测量垂直面，另外一个一般是用来测量 45°角的，三个水泡的作用都是测量测量面是否水平，水泡居中则水平，水泡偏离中心，则平面不是水平的。

另外，根据两条交叉线确定一平面的原理，需要同一平面内在两个不平行的位置测量才能确定平面的水平。

五、电梯导轨定位尺

电梯导轨安装定位尺（见图 2-2-6）是一个全新、高精度的电梯导轨安装工具，适用于脚手架、无脚手架导轨安装工艺。

特点:代替了传统找导尺等工具,结合电梯导轨安装工艺,做到了高效率、高质量的导轨安装及定位。

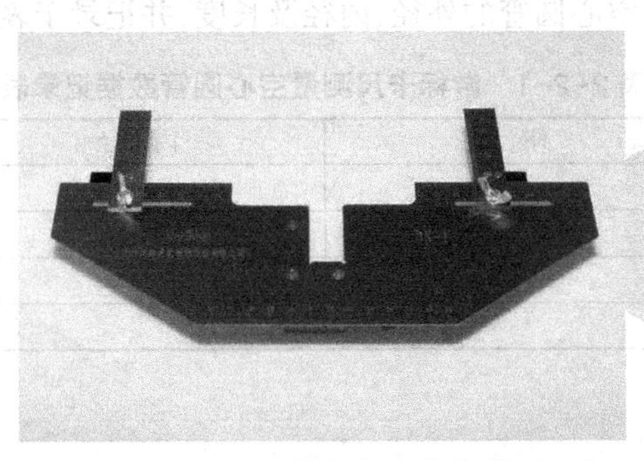

图 2-2-6 电梯导轨安装定位尺

导轨安装时,首先在样板架上确定主导轨的位置,在导轨的两侧相应尺寸做两条基准线(见图 2-2-7)。

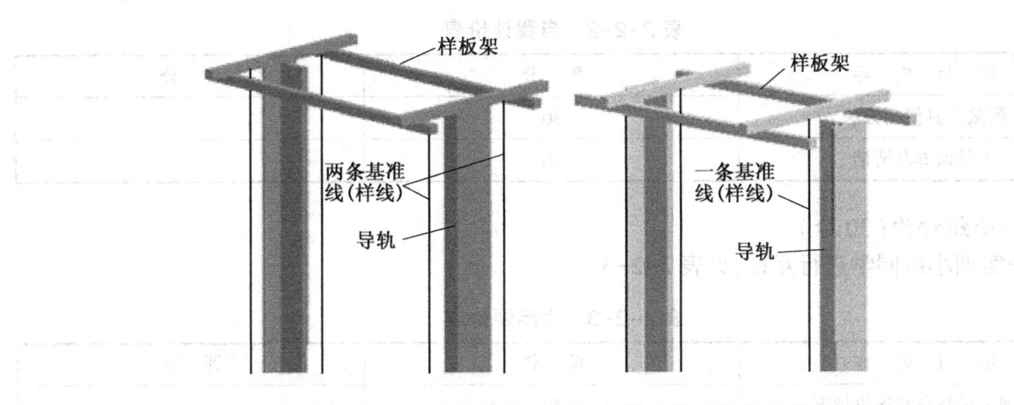

图 2-2-7 在导轨的两侧相应尺寸做两条基准线

导轨安装定位的方法:

首先在样板架上确定主导轨的安装位置,在导轨的两侧相应位置做两条铅垂基准线,待基准线固定,使用电梯导轨安装定位尺,贴在一侧主导轨的导向面上,将卡具拧紧固定,调整竖向两个小尺于合适位置,用螺钉拧紧。记住两条基准线中心在定位尺 X 向 Y 向的坐标,依次往上都按此坐标固定导轨,另一侧导轨第二个定位尺依此办法操作,如图 2-2-8 所示。

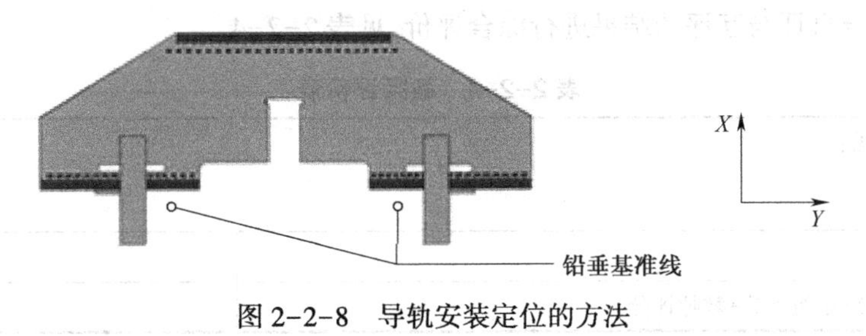

图 2-2-8 导轨安装定位的方法

任务实施

分组利用游标卡尺测量空心圆管的外径、内径及长度,并记录于表 2-2-1。

表 2-2-1 游标卡尺测量空心圆管数据记录表

项 目	外 径	内 径	长 度
第一次测量值			
第二次测量值			
第三次测量值			
平均值			

任务评价

(一)自我评价(40 分)

学生根据学习任务完成情况进行自我评价,见表 2-2-2。

表 2-2-2 自我评价表

项 目 内 容	配 分	评 分
测量工具使用方法	30	
工具保养及清洁	10	

(二)小组评价(30 分)

同一实训小组同学进行互评,见表 2-2-3。

表 2-2-3 小组评价表

项 目 内 容	配 分	评 分
实训记录与自我评价情况	30	
相互帮助与协作能力	30	
安全、质量意识与责任心	40	
小组评分=(1~3 项总分)×30%		

参评人员签名________年________月________日

(三)教师评价(30 分)

指导教师结合自评与互评的结果进行综合评价,见表 2-2-4。

表 2-2-4 教师评价表

教师总体评价意见:	
教师评分(30 分)	
总评分=自我评分+小组评分+教师评分	

教师签名________ ________年________月________日

思考与练习

1. 万用表一般以测量电压、电流和电阻为主要目的。万用表按显示方式分为________万用表和________万用表。

2. 使用万用表电流挡测量电流时,应将万用表________在被测电路中。

3. 钳形电流表是由________和________组合而成的。

4. 声级计又称噪声计,它以________作为计量噪声强弱的示值单位。

5. 游标卡尺,是一种测量长度、内外径、________的量具。

6. 水平尺主要用来检测或测量水平度和________度,可分为铝合金方管型、工字形、压铸型、塑料型、异形等多种规格。

项目三

电梯常用低压电器

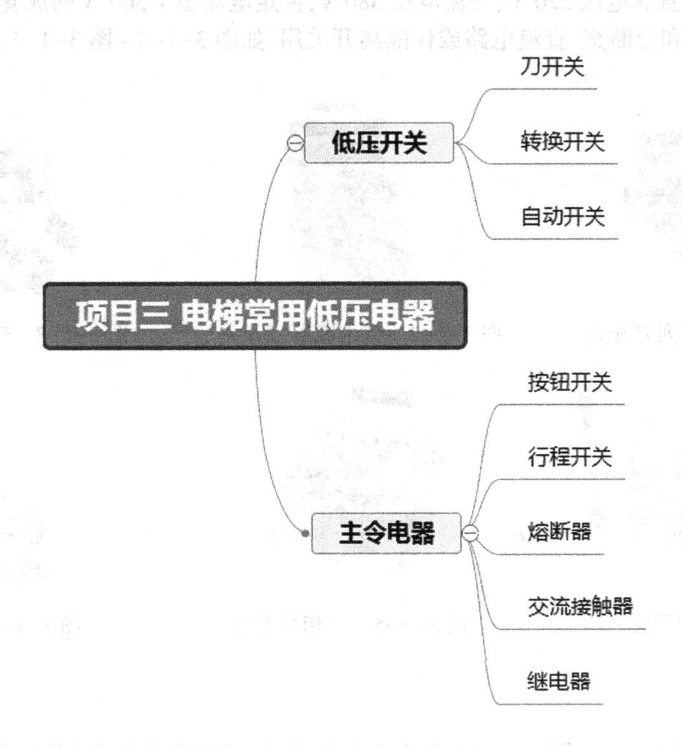

任务一　低压开关

学习目标

1. 掌握电梯常用低压电器的种类、构造和基本工作原理。
2. 熟悉电梯常用低压电器安装位置和动作过程。

任务描述

电梯的电气系统是保障电梯运行的重要系统。直接关系到电梯能否安全可靠运行。电气系统故障率在电梯的总故障率中占很高比例。本任务将介绍电气系统使用的低压开关的种类、构造和工作原理,有助于读者检查、保养电气系统。

相关知识

一、刀开关

刀开关又称闸刀开关或隔离开关,它是手控电器中最简单而使用又较广泛的一种低压电器,适用于交流 50 Hz、直流电压 220 V、交流电压 380 V,额定电流至 1 500 A 的成套配电装置中,作为不频繁地手动接通和分断交、直流电路或作隔离开关用,如图 3-1-1~图 3-1-6 所示。

图 3-1-1　HK 系列刀开关

图 3-1-2　带熔断器刀开关一

图 3-1-3　带熔断器刀开关二

图 3-1-4　三相开关一

图 3-1-5　三相开关二

图 3-1-6　防爆开关

二、转换开关

转换开关(见图 3-1-7~图 3-1-9)又称组合开关,与刀开关的操作不同,它是左右旋转的平面操作。转换开关具有多触点、多位置、体积小、性能可靠、操作方便、安装灵活等优点，多用于机床电气控制线路中电源的引入开关，起着隔离电源的作用，还可作为直接控制小容量异步电动机不频繁起动和停止的控制开关。转换开关同样也有单极、双极和三极。

图 3-1-7　自动电源转换开关

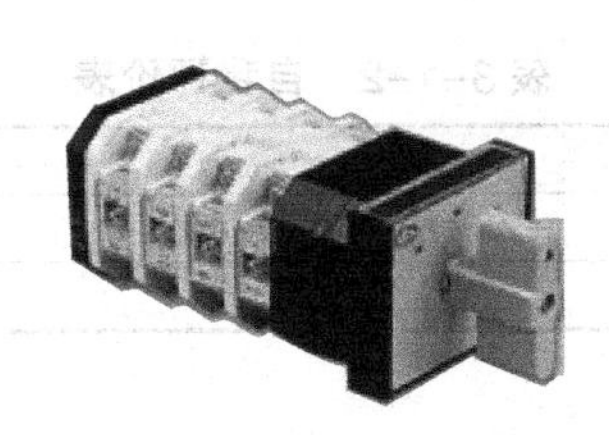
图 3-1-8　万能转换开关

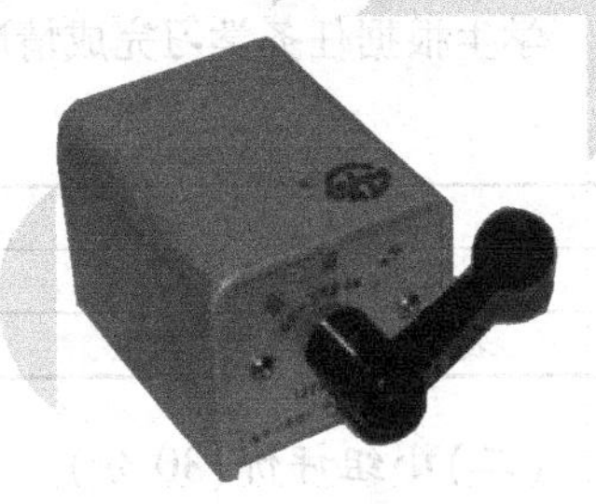
图 3-1-9　可逆转换开关

三、自动开关

自动开关(见图 3-1-10)又称自动空气开关。当电路发生严重过载、短路以及失电压等故障时，能自动切断故障电路，有效地保护串联在它们后面的电气设备。在正常情况下，自动开关也可以不频繁地接通和断开电路及控制电动机直接起动。因此，自动开关是低压电路常用的具有保护环节的断合电器。

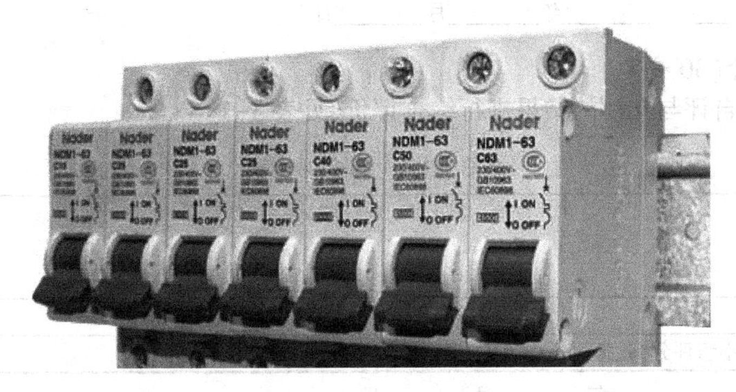

图 3-1-10　自动开关

任务实施

完成刀开关拆装并填写表 3-1-1。

表 3-1-1　刀开关的组成

系 统 名 称	主 要 零 件	作　用
动触刀		
静触座		
安全挡板		
灭弧装置		

任务评价

(一)自我评价(40分)

学生根据任务学习完成情况自我评价,见表3-1-2。

表3-1-2 自我评价表

项目内容	配分	评分
拆装任务是否完成	30	
表格内容填写是否完整	20	

(二)小组评价(30分)

同一实训小组同学进行互评,见表3-1-3。

表3-1-3 小组评价表

项目内容	配分	评分
实训记录与自我评价情况	30	
相互帮组与协作能力	30	
安全、质量意识与责任心	40	
小组评分=(1~3项总分)×30%		

参评人员签名________ ________年________月________日

(三)教师评价(30分)

指导教师结合自评与互评的结果进行综合评价,见表3-1-4。

表3-1-4 综合评价表

教师总体评价意见:	
教师评分(30分)	
总评分=自我评分+小组评分+教师评分	

教师签名________ ________年________月________日

任务二 主令电器

学习目标

1. 掌握电梯常用主令电器的种类、构造和基本工作原理。
2. 熟悉电梯常用主令电器安装位置和动作过程。

任务描述

主令电器也是电梯的电气系统的重要组成部分,学习常用主令电器的种类、构造和基本工作原理，了解常用主令电器安装位置和动作过程，是电梯正常运行使用的重要保障。

相关知识

一、按钮开关

按钮开关（见图3-2-1和图3-2-2）是指利用按钮推动传动机构，使动触点与静触点接通或断开并实现电路换接的开关。按钮开关是一种结构简单、应用十分广泛的主令电器。在电气自动控制电路中，用于手动发出控制信号以控制接触器、继电器、电磁起动器等。

图3-2-1　各种类型按钮

图3-2-2　带灯普通按钮

二、行程开关

行程开关（见图3-2-3～图3-2-6）是位置开关（又称限位开关）的一种，是一种常用的小电流主令电器。利用生产机械运动部件的碰撞使其触点动作来实现接通或分断控制电路，达到一定的控制目的。

图3-2-3　微动开关

图3-2-4　各种类型行程开关

图3-2-5　接近开关

图3-2-6　各种类型接近开关

三、熔断器

熔断器（见图3-2-7）是指当电流超过规定值时，以本身产生的热量使熔体熔断、断开电路的一种电器。熔断器广泛应用于高低压配电系统和控制系统以及用电设备中，作为短路和过电流的保护器件，是应用最普遍的保护器件之一。

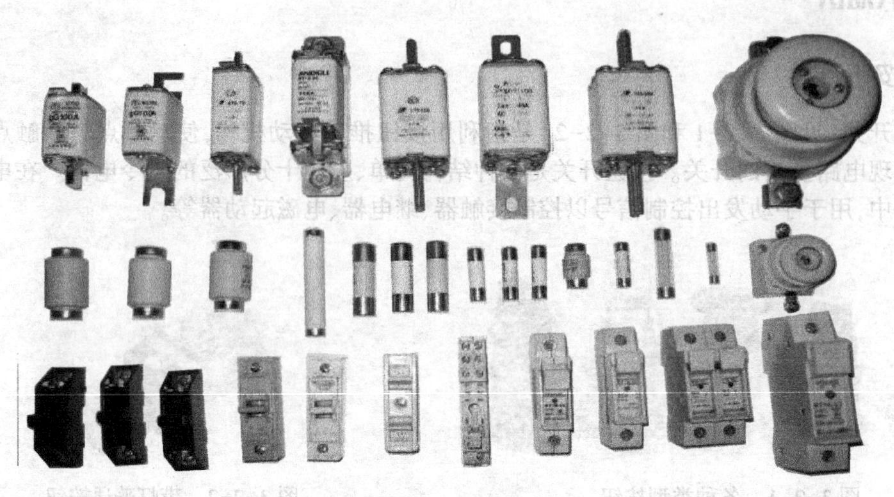

图 3-2-7 熔断器

四、交流接触器

接触器是一种用来接通或断开带负载的交直流主电路或大容量控制电路的自动化切换器，主要控制对象是电动机，此外也用于其他电力负载，如电热器、电焊机、照明设备，接触器不仅能接通和切断电路，而且还具有低电压释放保护作用。接触器控制容量大，适用于频繁操作和远距离控制，是自动控制系统中的重要元件之一。图 3-2-8 所示为 CFC36 系列交流接触器，图 3-2-9 所示为 CKC1(CJ40)系列接触器。

交流接触器主要由四部分组成：

①电磁系统：包括吸引线圈、动铁芯和静铁芯。

②触点系统：包括三组主触点和一至两组常开、常闭辅助触点，它和动铁芯是连在一起互相联动的。

图 3-2-8 CFC36 系列交流接触器

图 3-2-9 CKC1(CJ40)系列接触器

③灭弧装置：一般容量较大的交流接触器都设有灭弧装置，以便迅速切断电弧，免于烧坏主触点。

④绝缘外壳及附件:包括各种弹簧、传动机构、短路环、接线柱等。

五、继电器

继电器是一种电控制器件,是当输入量(激励量)的变化达到规定要求时,在电气输出电路中使被控量发生预定的阶跃变化的一种电器。它具有控制系统(又称输入回路)和被控制系统(又称输出回路)之间的互动关系,通常应用于自动化的控制电路中,它实际上是用小电流去控制大电流运作的一种"自动开关"。故在电路中起着自动调节、安全保护、转换电路等作用。

电磁继电器(见图 3-2-10)一般由电磁铁、衔铁、弹簧、触点等组成。

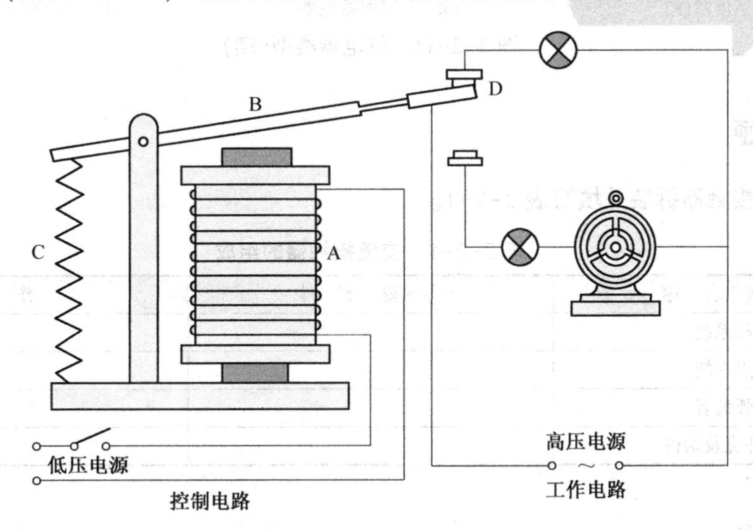

图 3-2-10　电磁继电器结构

A—电磁铁;B—衔铁;C—弹簧;D—触点

只要在线圈两端加上一定的电压,线圈中就会流过一定的电流,从而产生电磁效应,衔铁就会在电磁力吸引的作用下克服返回弹簧的拉力吸向铁芯,从而带动衔铁的动触点与静触点(常开触点)吸合。当线圈断电后,电磁铁的吸力也随之消失,衔铁就会在弹簧的反作用力的作用下返回原来的位置,使动触点与原来的静触点(常闭触点)释放。这样吸合、释放,从而达到了在电路中的导通、切断的目的。对于继电器的"常开、常闭"触点,可以这样来区分:继电器线圈未通电时处于断开状态的静触点,称为"常开触点";处于接通状态的静触点称为"常闭触点"。继电器一般有两股电路,为低压控制电路和高压工作电路。常用继电器类型见图 3-2-11。

中间继电器

热继电器

空气囊时间继电器

电子式时间继电器

图 3-2-11　继电器类型

AR-731F2 AR-731F3

JSS1P1时间继电器

DH11S-S时间继电器

图 3-2-11　继电器类型(续)

任务实施

完成交流接触器拆装并填写表 3-2-1。

表 3-2-1　交流接触器的组成

系统名称	主要零件	作用
电磁系统		
触点系统		
灭弧装置		
绝缘外壳及附件		

任务评价

(一)自我评价(40 分)

学生根据学习任务完成情况进行自我评价,见表 3-2-2。

表 3-2-2　自我评价表

项目内容	配分	评分
拆装任务是否完成	30	
表格内容填写是否完整	10	

(二)小组评价(30 分)

同一实训小组同学进行互评,见表 3-2-3。

表 3-2-3　小组评价表

项目内容	配分	评分
实训记录与自我评价情况	30	
相互帮助与协作能力	30	
安全、质量意识与责任心	40	
小组评分=(1~3 项总分)×30%		

参评人员签名________　________年________月________日

（三）教师评价（30分）

指导教师结合自评与互评的结果进行综合评价，见表3-2-4。

表3-2-4　综合评价表

教师总体评价意见：	
教师评分（30分）	
总评分=自我评分+小组评分+教师评分	

教师签名________　________年________月________日

思考与练习

1. 自动开关又称自动空气开关。当电路发生严重过载、________以及失电压等故障时，能自动切断故障电路。

2. 熔断器广泛应用于高低压配电系统和控制系统以及用电设备中，作为________和过电流的保护器件。

3. 接触器是一种用来接通或断开带负载的交直流________或大容量________的自动化切换器。

4. 继电器是一种电控制器件，是当________（激励量）的变化达到规定要求时，在电气输出电路中使被控量发生预定的阶跃变化的一种电器。

项目四

电梯的安全使用和管理

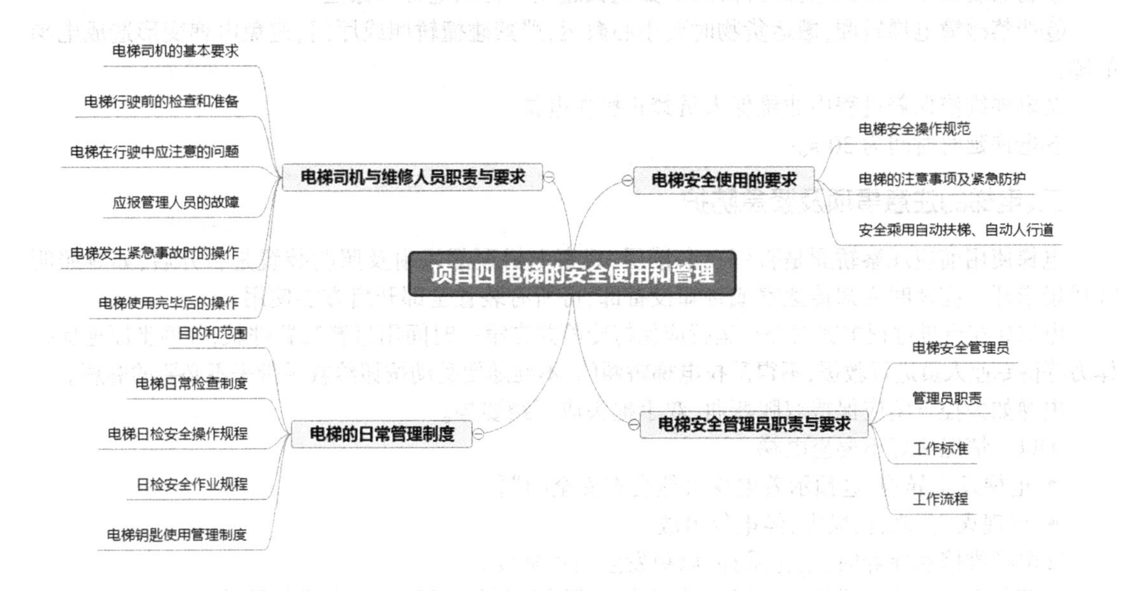

任务一　电梯安全使用的要求

学习目标

1. 宣传电梯安全知识,正确认识电梯,了解电梯安全与风险。

2. 为加强对电梯安全事故的防范,及时做好安全事故发生后的救援处置工作,最大限度地减少事故造成的损失,维护正常的社会秩序和工作秩序。

任务描述

由于近年来常爆出的一些电梯安全事故,导致人们对电梯产生恐慌,当我们了解到电梯是安全的,知道电梯一些安全使用常识,我们就再也不会害怕乘坐电梯。

相关知识

一、电梯安全操作规范

①发生火灾严禁乘坐电梯。

②电梯原则上需配备专业操作人员,非电梯操作人员严禁触碰电梯开关及控制按钮。

③电梯上下按钮分别代表你想前往的方向,根据自己需要选择按键,不得乱按。

④严禁超载,电梯自身携带有称重装置,如果超过额定载重重量将不能正常使用并发出警报,请将超出部分搬出,直至重量在额定载重范围之内方能起动。

⑤物品装运不得超出电梯内部体积,如超长超宽不得从电梯内搬运。

⑥严禁碰撞电梯轿厢,搬运货物时要小心搬运,严禁碰撞轿厢或厅门,避免电梯变形造成电梯故障。

⑦电梯维修保养过程中非维保人员禁止操作电梯。

⑧电梯延时时间为 30 s。

二、电梯的注意事项及紧急防护

电梯使用前应观察轿厢是否停在本楼层,观察电梯顶部风扇及照明装置是否开启,如有照明或风扇未开启应及时通知传达室或告知设备部,待所有装置全部开启方能使用。

电梯如在行进过程中突然停止运行应保持冷静并在第一时间用报警装置呼救,并静坐原地保持体力等待专业人员进行救援,不得乱拉电梯轿厢门,不准随便乱动按钮给救援带来不必要的麻烦。

电梯如失控下坠应保持双腿弯曲,双手抱头成下蹲姿势。

①以下情况最好不要坐电梯

- 电梯发生异响,这预示着电梯可能会有安全问题。
- 出现火灾、地震、风灾、停电等事故。

②电梯维修和保养时,禁止乘梯,以免发生伤亡事故。

③请勿大力触按电梯按钮。根据需要按下楼层和方向按钮,提高电梯使用效率。

④等候电梯时，不要反复按动按钮或倚靠在门上。

⑤绝不扒门。

⑥乘坐电梯时一定要看清了再步入。

⑦不要在电梯门中间停留，以免被电梯门夹伤。

⑧电梯超载警告声响起时要退出来，以免电梯超载发生意外。

⑨不要将水渗漏在电梯内，以免发生滑倒或电梯故障。

⑩乘坐电梯时不要堵在电梯门口，阻碍别人进出电梯。

⑪乘坐电梯时一定要待电梯停稳了，门开后再走出。

⑫呼梯时，乘客仅需按亮大厅外呼盒上所去方向的呼梯按钮，请勿同时将上行和下行方向按钮都按亮，以免造成轿厢无用的停靠，降低大楼电梯的总输送效率。

三、安全乘用自动扶梯、自动人行道

①正确乘用自动扶梯、自动人行道。

- 面朝运行方向站立，双脚应站立在踏板的安全区域内。
- 站稳并扶握扶手带。
- 乘扶梯至出口处不要停留。
- 儿童和老弱病残人员应由有行为能力的成年人一手拉紧或搀扶搭乘，婴幼儿应由上述成年人抱住搭乘。
- 留心宽松衣物和拖鞋、软底鞋、鞋带等，以免被夹住。
- 宠物应由主人抱住乘梯。
- 依靠拐杖、助行架、轮椅等辅助器械行走的乘客以及使用手推车、婴儿车的乘客不能使用自动扶梯。

②在自动扶梯或自动人行道梯级出入口处乘客应关注哪些？

在自动扶梯或自动人行道梯级出口处，乘客应顺梯级运动之势抬脚迅速迈出，跨过梳齿板落脚于前沿板上，以防绊倒或鞋子被夹住。

乘客随身携带的箱包、手提袋等行李物品应用力提起（自动人行道可将其放在小推车内），宠物应抱住，请勿在自动扶梯或自动人行道出口处逗留，以免影响其他乘客的通过。

③乘客在乘用自动扶梯时应站立在梯级哪个部位？

乘客在自动扶梯梯级入口处踏上梯级水平运行段时，应注意双脚离开梯级边缘，站在梯级踏板中间位置，如有黄色警示线，请站在黄色安全警示边框内。请勿踩在2个梯级的交界处，以免梯级运行至倾斜段时因前后梯级的高度差而摔倒。搭乘自动扶梯或自动人行道时，请勿将鞋子或衣物触及玻璃或金属栏板下部的围裙板或内盖板，避免梯级运动时因挂拽而造成人身伤害。

④自动扶梯不应作为步行楼梯使用。因为自动扶梯梯级的垂直高度不适于人员步行，容易造成绊倒或滚落。同时，在发生火灾和地震时禁止使用自动扶梯。乘客应通过消防楼梯疏散。

⑤儿童乘用自动扶梯、自动人行道应由成人监护。儿童好动又充满了好奇心，喜欢攀爬扶手或停留在扶手带入口处玩耍，易发生擦伤、夹伤或坠落事故。

⑥非专用婴儿车和手推车不应搭乘自动扶梯，不允许在自动扶梯上使用手推婴儿车、购物手推车、行李车等，否则将导致危险。

⑦严禁将头部、肢体伸出扶手装置以外。严禁乘客将肢体或物品伸出扶手装置以外，否则会受到障碍物、天花板、相邻的自动扶梯或倾斜式自动人行道的撞击，造成人身伤害事故。物业管理

部门应在存在风险的自动扶梯、自动人行道扶手带上方安装警示牌和垂直防护挡板。

⑧禁止赤脚或蹲坐搭乘自动扶梯、自动人行道,自动扶梯的梳齿板易对脚部和臀部造成伤害。

⑨禁止在自动扶梯和自动人行道上反方向行走和奔跑。在自动扶梯上反方向行走和奔跑会影响他人,易出现安全事故,危害自身和他人安全。

⑩不能沿扶手带运行反方向用力回拉扶手带。沿扶手带运行反方向用力回拉扶手带,会影响扶手带的正常运行,损坏扶手装置部件,并擦伤和挤伤手指。在乘梯中,请勿让手指和衣物接触两侧扶手带以下的部件。严禁乘客将重物放在扶手带上。

⑪携带拐杖、雨伞等乘用自动扶梯、自动人行道的注意事项。不要将拐杖、雨伞尖端或高跟鞋尖跟等尖利硬物插入梯级边缘的缝隙中或梯级踏板的凹槽中,以免损坏梯级或梳齿板,并造成人身意外伤害。

⑫不能携带外形长或体积大的笨重物品乘用自动扶梯。禁止使用自动扶梯和自动人行道运送货物。乘客携带外形长或体积大的笨重物品乘用,会碰及天花板、相邻的自动扶梯等而造成人身伤害或设备损坏。笨重物品移动不方便,一旦不能及时移出自动扶梯的通道,有可能会造成拥堵,造成后续乘客拥挤甚至引起踩踏事故。

⑬乘自动扶梯、自动人行道时发生意外的处置方法。发生意外(例如乘客摔倒或手指、鞋跟等被夹住)时,应立即呼叫位于出入口或中部的乘客或值班人员立即按动红色紧急停止按钮,停止自动扶梯或自动人行道运行,以免造成更大伤害。正常情况下请勿按动此按钮,以防突然停止而使其他乘客因惯性而摔倒。

⑭禁止攀爬、倚靠、翻越扶手带或扶手装置。

任务实施

1. 如何呼叫电梯

简述:正确按呼梯方向按钮,上行按"△";下行按"▽"。(对于目的层群控呼梯系统,请按照电梯使用提示操作。)

错误操作:随便多次按外呼按钮或者同时按上、下外呼按钮。

正确操作:在候梯厅,前往目的层站需上楼时请按上行外呼按钮"△",需下楼时请按下行外呼按钮"▽"。按钮灯亮表明呼叫已被登记(如果按钮已被其他乘客按亮,则无须重按),轿厢即将前来该层站停靠。轿厢到达该层站时会自动开门,乘客由方向指示灯确认轿厢将上行或下行。若轿厢运行方向与呼叫方向相同,则已经按亮的外呼按钮灯将熄灭,表明乘客可乘该梯;若方向相反,则外呼按钮灯不熄灭,乘客仍需等待。

2. 如何进出轿厢

简述:先出后进,轿厢门口不停留。

正确操作:层、轿门打开时,乘客应先出后进,待进入乘客应站在门口侧边,让走出的乘客先行,出入乘客不要相互推挤,进出时应特别留意地坎间隙。

3. 如何开关电梯门

简述:按候梯厅外呼按钮或轿内开门按钮,重新开门。按轿内关门按钮使其关闭。

正确操作:层、轿门打开后数秒即自动关闭。若需要延迟关闭轿门,按住轿内操纵盘上的开门按钮"<|>";或者在厅门外按下相同方向的外呼按钮。若需立即关闭轿门,按动关门按钮">|<"。

错误操作:电梯层、轿门欲关闭时,用身体、手、脚等直接阻止关门。

4. 如何到达目的层站(如何乘用电梯)

简述:按下目的楼层按钮。

正确操作:进入轿厢后,首先按选层按钮中目的层站按钮(如果迟疑,轿厢可能会先应答其他呼叫,从而延长了您的乘梯时间)。按钮灯亮表明该选层已被登记,轿厢将按运行方向顺序前往。若有轿厢扶手,体弱者应尽量握住扶手。

注意轿内层站显示器指示的轿厢所到达的层站。到达目的层站时,待轿厢停止且轿门完全开启后,依次走出轿厢。

5. 候梯时禁止用手扒门

简述:候梯过程中,禁止用手扒动层门。一旦扒开,不但轿厢会紧急制停,造成乘客困在轿内,影响电梯正常运行,更可能造成乘客坠入井道。

任务评价

(一)自我评价(40分)

学生根据学习任务完成情况进行自我评价,见表4-1-1。

表4-1-1　自我评价表

项目内容	配分	评分标准	扣分	得分
1. 怎样召唤电梯	10	1. 应在电梯厅的呼梯面板上选择要去的方向按钮 2. 如在呼梯时将上、下方向的按钮都按了,扣2分 3. 当电梯超载,不能再上乘客时,强行上电梯,扣2分 4. 把楼层按钮都按了,这时突然所有按钮又都不亮了,电梯也不走,这是故障吗?(满分4分) 5. 有其他违反安全操作规范的行为扣2分		
2. 电梯运行中突然停电是否有危险	60	电梯制动装置的工作原理是失电制动,如运行中遇到突然停电,电梯制动装置会立即动作,将电梯停下来,不会有什么危险。(根据回答情况给分)		
3. 被困在轿厢的乘客应怎么办	20	1. 轿厢内的乘客应通知维修人员,并耐心等待电梯维修人员来开门放人(6分) 2. 由于是非正常停梯,轿厢可能不是停在平层位置,所以不要自行扒开电梯门出去,以免造成乘客坠落事故。(8分) 3. 保持冷静,不要大声喧哗(6分)		
4. 乘坐电梯时应注意那些事项	10	1. 当进、出入轿箱时,要看一下电梯是否在平层位置,特别是在夜间光线不清的时候,更应注意,否则有可能造成伤害(4分) 2. 电梯是公共场合,不应携带易燃易爆或具有腐蚀性的物品(4分) 3. 电梯运行期间,不要挤靠或拍打电梯门,以免造成电梯误动作而停梯(2分)		
自我评分=(1~4项总分)×40%				

签名________　________年________月________日

(二)小组评价(30分)

同一实训小组同学进行互评,见表4-1-2。

表4-1-2 小组评价表

项 目 内 容	配 分	评 分
实训记录与自我评价情况	30	
相互帮助与协作能力	30	
安全、质量意识与责任心	40	
小组评分=(1~3项总分)×30%		

参评人员签名________ ________年________月________日

(三)教师评价(30分)

指导教师结合自评与互评的结果进行综合评价,见表4-1-3。

表4-1-3 教师评价

教师总体评价意见:	
教师评分(30分)	
总评分=自我评分+小组评分+教师评分	

教师签名________ ________年________月________日

任务二 电梯安全管理员职责与要求

学习目标

保证电梯正常可靠的运行,降低电梯故障率,防止电梯事故的发生,规范电梯主要负责人、安全管理员和作业人员的行为。

任务描述

电梯安全管理主要包括电梯设备管理、运行管理、维修管理等内容,如电梯使用安全教育、电梯困人救援等。作为电梯安全管理员,电梯设备管理的好坏直接影响电梯司乘人员的安全。

相关知识

一、电梯安全管理员

电梯安全管理员负责本单位所用电梯的日常性事务管理,以及督促、协调对外联系电梯管理的有关工作。

二、管理员职责

①负责电梯安全使用、管理方面的日常工作。

②熟悉并执行电梯有关的国家政策、法规，结合本单位的实际情况，制定相应的管理方法，不断完善电梯的管理工作，检查和纠正电梯使用中的违规行为。

③熟悉电梯的基本原理、性能、使用方法，结合本单位的实际情况，建立健全电梯使用管理制度、操作规程并督促检查实施情况。

④监督电梯维保单位的日常维护保养计划落实情况和电梯维保单位对电梯召修的执行情况，督促电梯维保单位做好电梯定期维护保养工作，对维保单位的维保记录签字进行确认。

⑤做好电梯使用登记或者变更、注销工作，编制和落实年度电梯定期检验计划，并按国家规定要求向政府部门申请检验，及时更换"安全检验合格"标志，确保电梯安全注意事项和警示标志齐全清晰。

⑥制定电梯困人应急预案，并在电梯发生困人情况时，及时采取措施，安抚乘客，组织电梯维修作业人员实施救援。

⑦发现电梯运行事故隐患应及时处理，情况紧急时有权作出停止使用的决定，并立即报告本单位负责人，日常应妥善保管电梯钥匙及其安全提示牌。

⑧负责组织实施电梯应急预案的演习，参加电梯安全事故的调查处理。组织、督促、联系有关部门人员进行电梯事故隐患的整改。接到故障报警后，立即赶赴现场，组织电梯维修作业人员实施救援。故障处理的一般流程图4-2-1所示。

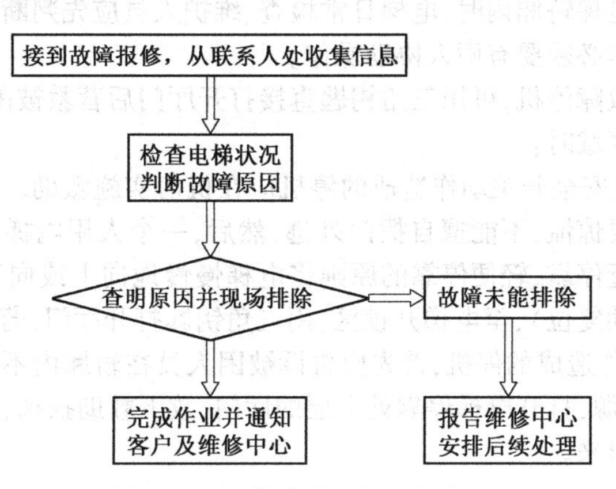

图4-2-1　故障处理的一般流程

⑨监督并且配合电梯安装、改造、维修和维保工作；负责建立、管理电梯技术档案。

三、工作标准

①保障所有电梯的安全、正常运行，设备级零部件完好率在99%以上。

②检修、运行和保养记录准确、真实、清晰。

③保证电梯的维护保养工作按计划进行。

④电梯无故障或不在保养期间不得无故停梯。

⑤接维修单或通知后立即到位维修。

⑥如遇异常情况必须及时向本专业主管做出汇报。

⑦做好上级交办的其他工作。

四、工作流程

①查看运行记录，检查电梯夜间运行情况。

②检查电梯是否开启，轿厢照明、空调是否正常，轿门开关有无抖动现象，轿内卫生是否干净，首层厅门开关是否正常。

③检查维保方夜间维保情况及反映问题是否得到整改。

④检查电梯轿厢开关按钮是否灵活、光幕开关是否正常、轿厢警铃及三方对讲是否正常，以及轿厢视频显示器是否正常。

⑤检查电梯机房消防设施是否齐全，机房照明是否良好，机房温度是否正常(40℃以下)，机房空调运行是否正常，电梯控制柜、曳引机、限速器运行是否正常。

⑥检查电梯各层厅门开关是否正常，运行中有无噪音等。

⑦整理检查的问题并反馈给维保人员，要求整改。

⑧整理电梯日检查记录。

⑨核实是否有安排专梯，如有安排落实专梯事宜。

任务实施

电梯困人紧急救助措施：

①当有人员被关在电梯轿厢内时，电梯日常检查、维护人员应先判断电梯轿厢所在位置，然后实施紧急救助。营救工作必须要有两人协助操作。

②电梯在开锁区内故障停机，可用三角钥匙直接打开厅门后营救被困人员。

③电梯停在非开锁区域时：

- 因外界停电、电气安全开关动作造成的停机应在机房实施救助。首先断开总电源开关，告诉被困人员在轿厢内不要惊慌，不能擅自拨门外逃，然后，一个人用电梯专用工具打开制动器，一个人用盘车手轮根据就近停靠、轻便停靠的原则将电梯慢慢地向上或向下盘车(若出现电梯不能控制的现象应立即使制动复位)，至电梯开锁区，用三角钥匙打开厅门，营救被困人员。
- 因电梯安全钳动作造成的停机，首先应告诉被困人员在轿厢内不要惊慌，不能擅自拨门外逃，然后断开电梯的总电源，打开电梯停靠处上层的厅门，放下救助扶梯，打开电梯轿顶的安全窗，将被困人员从安全窗救出来。

任务评价

(一)自我评价(40分)

学生根据学习任务完成情况进行自我评价，见表4-2-1。

表4-2-1 自我评价表

项目内容	配分	评分标准	扣分	得分
1. 三角钥匙的正确使用方法	10	1. 打开厅门时，应先确认轿厢位置；防止轿厢不在本层，造成踏空坠落事故		

续表

项目内容	配分	评分标准	扣分	得分
1. 三角钥匙的正确使用方法		2. 打开厅门的照明,清除各种杂物,并注意周围不得有其他无关人员(2分) 3. 把三角钥匙插入开锁孔,确认开锁的方向(2分) 4. 操作人员应站好,保持重心,然后按开锁方向,缓慢开锁(4分) 5. 门锁打开后,先把厅门推开一条约100 mm宽的缝,取下三角钥匙,观察井道内情况,特别是注意此时厅门不能开太大(2分)		
2. 电梯产生事故的主要原因	50	1. 使用人员不懂电梯使用规则违规使用(列举两个违规例子) 2. 管理人员不懂电梯管理规则导致管理不到位(列举两个实例) 3. 作业人员违规作业(指出一些违规操作现象)(根据情况给分)		
3. 电梯困人应急预案流程	30	1. 监控室接到困人通知后利用电梯对讲机安抚被困人员情绪,告知被困人员不要用手扒门不要依靠电梯门,将电梯所有楼层按键全部选定预防滑梯造成不必要的人员伤害,做好录像采集工作(6分) 2. 监控室接到困人通知后利用对讲机一分钟内通知到巡逻岗与当班班长,巡逻岗与当班班长三分钟内赶到现场安抚业主情绪,由班长第一时间通知部门主管,询问被困人员房间号、所在部门、姓名,做好登记与突发事件记录表的填写(8分) 3. 监控室接到困人通知后要第一时间联系电梯维保单位。要求维保单位自电话接通后20分钟之内赶到现场,监控室值班人员做好计时工作并且做好记录(6分) 4. 被困人员成功解救出来后再次安抚并且表示道歉,填写好突发事件记录表(10分)		
4. 电梯维护保养	10	1. 物业公司应当根据电梯安全技术规范以及产品安装使用维护说明书的要求和实际使用状况,组织对电梯进行维保 2. 物业公司应当委托取得相应电梯维修项目许可的单位进行电梯维保,并且与维保单位签订维保合同,约定维保的期限、要求和双方的权利、义务等。维保合同至少包括以下内容: ①维保的内容和要求; ②维保的时间频次与期限; ③维保单位和使用单位双方的权利、义务与责任		
自我评分=(1~4项总分)×40%				

签名________ ________年________月________日

(二)小组评价(30 分)

同一实训小组同学进行互评,见表 4-2-2。

表 4-2-2 小组评价表

项 目 内 容	配 分	评 分
实训记录与自我评价情况	30	
相互帮助与协作能力	30	
安全、质量意识与责任心	40	
小组评分=(1~3 项总分)×30%		

参评人员签名________ 年 月 日

(三)教师评价(30 分)

指导教师结合自评与互评的结果进行综合评价,见表 4-2-3。

表 4-2-3 教师评价

教师总体评价意见:	
教师评分(30 分)	
总评分=自我评分+小组评分+教师评分	

教师签名________ 年 月 日

任务三 电梯司机与维修人员的职责与要求

学习目标

1. 知道电梯的安全使用规程,会按照电梯安全操作规程进行各项操作。
2. 了解电梯的日常管理工作。

任务描述

有的电梯有司机,有的电梯没有司机,面对不同的电梯应该如何操作?通过本任务学习,知道作为电梯司机与维修人员有哪些职责和要求,学会安全、正确使用电梯,掌握电梯的日常管理相关方法。

相关知识

一、电梯司机的基本要求

①身体健康,无妨碍本工种工作疾病的人员。

②经特种设备安全监督管理部门的安全技术培训合格后方可上岗。

③熟悉所操作电梯的性能、功能，认真阅读本台电梯的使用维护说明书。

④操作有安全合格标志的电梯。

二、电梯行驶前的检查和准备

①开启层门进入轿厢之前，需要注意轿厢是否停在该层。

②轿厢内必须有足够的照明，在使用前必须先将照明灯打开。

③每天开始工作前，将电梯上下空载运行数次，无异常现象后方可使用。

④层门关闭后，从层门外不能用手拨启，当层门、轿门未关闭时电梯不能正常启动。

⑤平层精确度应无明显变化。

⑥经常清洁轿厢内、层门及乘客可见部分。

三、电梯在行驶中应注意的问题

①在服务时间内，不可擅自离岗，如必须离岗时或电梯停用时，应断开电源并将厅门关闭锁好。

②电梯司机应负责监督控制轿厢的载重量，不得超载使用电梯，乘客电梯不允许作货梯使用。

③不允许装载易燃、易爆的危险品，如遇特殊情况，需经电梯安全管理负责人员同意和批准并制定安全保护措施后才可装运。

④严禁在层门开启的情况下，启动或保持电梯检修和正常运行状态，也不允许用检修操作来代替正常电梯运行操作。

⑤电梯的厅门、层门电气开关等安全装置不能短接，也不可用其他物件塞住，使其失效而不能起到应有的安全作用。

⑥不允许利用轿顶安全窗、轿厢安全门的开启来装运长物件。

⑦应劝阻乘客在行驶中勿倚靠在轿厢门上。

⑧轿厢顶上部，除电梯固有设备外，不得放置他物。

⑨当电梯运行时不得对电梯进行擦油、润滑等工作，或对电梯部件进行修理。

⑩在行驶中应用按钮开关或手柄开关来“开”或“停”，不可利用电源开关或限位开关等安全装置来“开”或“停”电梯，更不可利用物件塞住控制开关来开动轿厢上下运行。

⑪行驶中，驾驶人员和随乘人员不可把手、头、脚伸出轿外，也不可在厅门外把手、头、脚伸入井道内，以防轧碰事故。

四、应报管理人员的故障

当发生以下故障时，电梯应立即停用，并报管理人员和检修人及时进行修理。

①层、轿门关闭后电梯不能正常行驶。

②电梯速度显著变化时。

③层、轿门关闭前电梯自行行驶时。

④行驶方向与选定方向相反时。

⑤内选、平层、快速、召唤和指层信号失灵时（驾驶员应立即按急停按钮）。

⑥发觉有异常噪声，较大振动和冲击时。

⑦当轿厢在额定载重下，超越端站位置而继续运行时。

⑧安全钳误动作时。

⑨接触到电梯的任何金属部分有麻电现象时。

⑩发觉电气部件因过热而发出焦热的臭味时。

五、电梯发生紧急事故时的操作

①因电梯安全装置动作或外电停电而中途停机时,一方面告诉乘客不要惊慌,严禁拨门外逃,一方面通过电梯厢内的紧急报警装置通知外界前来救助。

②电梯突然失控发生超速运行,虽然断电,还无法控制时,可能造成钢丝绳断裂而使轿厢坠落,或可能因漏电而造成轿厢自动行驶的,驾驶人员首先应按急停按钮,断开电源,就近停层。如电梯继续运行,则应重新接通电源,操作按钮使电梯逆向运行,如果轿厢仍自行行驶无法控制,应再切断电源。驾驶人员应保持冷静,等待安全装置自动发生作用,使轿厢停止,切勿跳出轿厢,同时告诉随乘人员将脚跟提起,使全身重量由脚尖支撑,并用手扶住轿厢,以防止轿厢冲顶或冲底而发生伤亡事故。

③发生电气火灾时,应切断电源立即报告有关部门前来抢救,在电源未切断前应用干粉或二氧化碳等灭火机进行扑救。

④遇井道底坑积水和底坑内电气设备被浸在水中,应将全部电源切断后,方可把水排除掉,以防发生触电事故。

⑤电梯发生事故,驾驶人员必须立即停车,抢救受伤人员,保护现场,移动的现场须设好标记,并及时报告有关部门,听候处理。

六、电梯使用完毕后的操作

①写好当班设备运行记录,发现存在故障,分别转告接班人及有关部门及时处理。

②做好轿厢四壁底板各层站厅门地坎的垃圾和厅门口的清洁卫生工作。

③将电梯停靠在基站,关掉电梯内电源开关、层楼指示、轿厢照明,关闭锁上电梯厅门、轿门,防止他人进入轿厢内开动电梯。

④在潮汛期间,工作结束或工作时基站受潮汛影响,电梯应开离基站。

任务实施

一、停电时

停电时(轿厢内的应急照明灯会自动照亮),司机或安全管理员应落实停电的实际情况,如有乘客被困在轿厢内,应安抚乘客不要试图强行逃离轿厢,耐心等待专业人员予以施救。电梯恢复通电后,只要按轿厢内或门厅的楼层按钮,轿厢就会启动。如果停电时间比较长,可按困人救援方法将乘客救出。

二、发生水灾时

发生水灾时,且电梯尚未被淋湿,应立即将电梯停在最高层,以免电梯发生淋水故障。若电梯因意外情况而被侵入电梯井道的水淋湿时,当班人员应及时将电梯停用,并将电梯电源关掉,并采取防护措施防止水流入电梯。此时电梯内如有乘客被困,可按困人救援方法将乘客救出。电梯再运行前,要先经电梯维保单位专业人员维修保养合格。

三、发生火灾时

①发生火灾时，根据情况让电梯就近平层或直接指引所有乘客离开电梯到安全地方。如电梯有消防追降功能，应立即敲碎设置在基站处的电梯消防开关外罩玻璃，把开关拨到“开”的位置，让电梯立即返回基站。

②确认轿厢内无人后，切断电梯的电源开关。

③火灾时，除消防梯允许消防人员执行救援任务外，其他情况一律禁止使用电梯。

四、困人救援方法

困人救援必须由取得特种设备作业人员证书的专业人员进行。如遇电梯故障，致使乘客被困轿厢内，司机或安全管理员应该安抚乘客，同时应立即通知电梯维保单位，由维保单位专业维修人员进行救援。维保单位不能很快到达的，由经过训练的取得特种设备作业证书的作业人员，依照下列步骤释放被困乘客。

1. 电源切断确认

在进行救援时，为防止轿厢突然移动，发生危险事故，应先将该电梯的主电源切断。

2. 故障电梯的轿厢位置确认

在进行救援被困乘客时，先要确保自己安全，由机房控制柜或层站的轿厢位置指示器确认轿厢位置。若机房内无法确认轿厢位置时，可用专用钥匙小心开启层门，再用电筒观察确认轿厢在井道内的位置。

3. 轿厢停于接近层门位置，且高于或低于楼层不超过 0.5 m 时

①用专用层门匙开启层门。

②在轿顶用人力开启轿厢门。

③协助乘客离开轿厢。

④重新将门关妥。

4. 轿厢停于高于或低于楼层超过 0.5 m 时

应先将轿厢移至接近层门，然后按上述第 3 步骤接出乘客，移动轿厢方法如下：

①通知轿厢内乘客保持镇定，并说明轿厢随时可能会移动，不可将身体任何部分探出轿厢外，以免发生危险，如果此时轿厢门处于未完全闭合状态，则应将其完全关闭。

②将盘车手轮装在电机轴上。

③一名受训援救人员控制盘车手轮，另一名受训援救人员手持释放杆，轻轻松开“抱闸”（制动器），轿厢会由于自重而移动，若轿厢由于自重无法移动时，应用盘车手轮使轿厢向正确方向移动。为了避免轿厢上升或下降太快发生危险，操作时应点动动作使轿厢逐步移动，直至轿厢到达平层区域。

遇其他复杂情况时，如安全钳已动作或钢丝绳脱离正确槽位，应等待电梯公司专业维修人员处理。

任务评价

（一）自我评价（40 分）

学生根据学习任务完成情况进行自我评价，见表 4-3-1。

表 4-3-1 自我评价表

项目内容	配分	评分标准	扣分	得分
1. 电梯司机交接班制度	20	1. 电梯司机应提前十分钟交接班。因故不能上班,须提前24小时请假,因紧急情况(突发事件)不能准时接班,应在班前2小时向所在物业部经理讲明情况,以便安排其他同志替班。当班司机在接班司机未到岗前,不得擅自离岗 2. 接班司机应认真检查上一班运行记录,询问电梯运行情况,交班司机应如实介绍情况,以防止电梯带病运行 3. 司机交班前,在不影响乘客乘梯的情况下,应搞好轿厢和门厅的卫生并作好运行纪录 4. 电梯司机应遵守司机守则		
2. 哪些电梯需配置司机	50	1. 医院提供患者使用的电梯、直接用于旅游观光的速度大于2.5m/s的乘客电梯,以及采用司机操作的电梯,由持证的电梯司机操作 2. 一些超市以及其他一些人流较大的公共场所为了保证秩序也会有专门的电梯司机 3. 载货电梯需配置司机,国家规定除了客货两用的以外,货梯是不允许载人的,并且必须要有专职司机 4. 还有一些特殊应用场景下的电梯需配置司机,比如高层建筑工地上设置的临时电梯		
3. 电梯司机岗位责任制度	30	1. 每次开启厅门进入较厢内,必须做试运行,确定正常时才能载人 2. 电梯运行中发生故障,立即按停止按钮和警铃,并及时要求修理 3. 遇停电时,电梯未平层禁止乘客打开轿门,并及时联系外援 4. 禁止运超大、超重物品,禁止在运行中打开厅门 5. 工作完毕时,应将电梯停于基站并切断电源,关好厅门		
自我评分=(1~3项总分)×40%				

签名________ 年____月____日

(二)小组评价(30分)

同一实训小组同学进行互评,见表4-3-2。

表 4-3-2 小组评价表

项目内容	配分	评分
实训记录与自我评价情况	30	
相互帮组与协作能力	30	
安全、质量意识与责任心	40	
小组评分=(1~3项总分)×30%		

参评人员签名________ ________年____月____日

(三)教师评价(30分)

指导教师结合自评与互评的结果进行综合评价,见表4-3-3。

表4-3-3　教师评价

教师总体评价意见:	
教师评分(30分)	
总评分=自我评分+小组评分+教师评分	

教师签名________ ________年______月______日

任务四　电梯的日常管理制度

学习目标

规范并指导电梯系统日常使用、运行、巡检、维护保养等行为,保障电梯设备运行安全与稳定。

任务描述

通过本任务学习,可以了解到日常工作时电梯的管理措施、电梯在发现故障时的管理措施、电梯在保养或维修时的管理措施。

相关知识

一、目的和范围

1. 目的

规范电梯日常检查的形式,落实电梯日常检查的各项措施,保证电梯正常运行。

2. 范围

规定电梯日常性检查的周期、参加检查的有关人员及对检查发现的问题实施整改措施和落实。

二、电梯日常检查制度

①电梯日常检查的分类,电梯日常检查分日检、半月检、季度检、半年检和年度检查4种。(按TSGT 5002的要求,半月检、季度检、半年检和年度检查由维保单位执行,使用单位监督。)

②电梯日检由电梯管理人员或作业人员负责监督实施,电梯日检应填写好检查表,并由检查负责人签字,在检查中发现的问题应及时报告有关人员及时处理。

③电梯管理人员监督维保单位对电梯的半月检、季度检、半年检和年检的实施,并负责向特种设备检验检测机构申报年检。

④电梯日常检查的内容、项目参照《电梯日常检查表》和电梯产品随机文件所带的使用维护说明书的要求进行。

⑤检查中发现的问题要及时上报处理，按照“定人、定时、定措施”的原则进行处理，并就处理结果进行跟踪检查。

三、电梯日检安全操作规程

1. 目的和范围

(1)目的

保障电梯日检人员在从事其职责范围内的工作时的安全，保证电梯能正常安全运行。

(2)范围

①规定电梯日检人员应遵守的安全操作的方法、步骤。

②电梯日检内容按《电梯日常检查表》和电梯产品随机文件所带的使用维护说明书的要求进行。

(3)基本要求

①电梯日检人员必须由身体健康、无妨碍本工种工作疾病的人员担任。

②电梯日检人员必须经特种设备安全监督管理部门的安全技术培训合格后取得相应证件方可上岗。

③电梯日检人员作业时必须穿戴好相应的劳动保护用品。

④电梯在开始进行检查时，应做好相应的安全警告标志和防护栏。

⑤电梯日检人员负责电梯三角钥匙的保管和使用，不能将三角钥匙转交他人。使用三角钥匙开启层门时应看清轿厢是否停靠在本层站。

四、日检安全作业规程

①电梯在作检查或在试车过程中，不得载客或载货，禁止非工作人员进入检查区域。

②电梯紧急报警装置能够随时与使用单位安全管理机构或者值班人员实现有效联系。

③电梯轿厢内或者出入口的明显位置张贴有效的《安全检验合格》标志。

④电梯使用的安全注意事项和警示标志置于乘客易于注意的显著位置。

⑤电梯显著位置标明使用管理单位名称、应急救援电话和维保单位名称及其急修、投诉电话。

⑥电梯发现故障或者发生异常情况时，组织对其进行全面检查，消除电梯事故隐患后，方可重新投入使用。

⑦电梯检查注意事项：

A. 非检查人员不得擅自进行作业，检查时应谨慎小心。

B. 工作完毕后要装回安全罩及挡板，清理工具不得留工具在设备内。

C. 离去前拆除加上的临时线路，电梯检查正常后方可使用。

⑧日常检查完工后应做好相应的记录。

五、电梯钥匙使用管理制度

1. 目的和范围

(1)目的

保证电梯安全可靠运行，避免因电梯钥匙使用管理不当造成电梯故障或救援的不及时，防止三角钥匙使用不当造成事故，规范电梯钥匙正常管理与使用。

(2)范围

机房门(通道门)、开机、轿内操作箱、井道(底坑)安全门、控制柜、电源箱等钥匙及层门三角钥匙的使用与管理工作。

2. 基本要求

(1)钥匙的管理

①上述钥匙应有专人管理,有专门的放置位置,无关人员不能随意使用,只有授权的持证人员才能使用(特别是层门三角钥匙)。

②要建立钥匙的领用、交接记录。

③要保证救援人员、维修保养人员能及时拿到钥匙进行解救或维保。

(2)钥匙的使用

①操作钥匙会对电梯的运行造成影响时,开锁前,应通过听、看、问等方式了解电梯的动态,确保不会造成人员伤害和设备损坏才开锁。

②开锁时应注意自身安全,防止人员坠落或触电伤害。

③开锁后,应对操作对象复位,并加以确认。

④钥匙使用后应及时归还并填写领用记录。

任务实施

①巡逻时要检查电梯轿门和每层厅门地坎有无异物。

②每天上班时用清洁软质棉布(最好是 VCD 擦拭头)轻拭光电或光幕。

③发现有儿童在电梯厅附近玩耍,比如说在拍、拉电梯厅门,要立即上前劝阻、警告他们立即离开。

④当有儿童一起乘电梯时,要特别注意,儿童因为好奇,会将手指塞入门缝等处,引起不必要的事故。

⑤发现有人连续按电梯呼梯按钮时要上前告诉他正确的使用方法,只要按钮亮,就表示指令已经输入。当要下去时,只要按下行的按钮就可以了,如果上下都按了,会影响电梯使用效率。

⑥当有较多用户要乘电梯时,要上前帮助按住梯门安全挡板或挡住光幕,也可按住上下按钮,等用户完全进入电梯后,自己方才进入。

⑦提醒乘客乘坐电梯时不要靠紧轿门。

任务评价

(一)自我评价(40 分)

学生根据学习任务完成情况进行自我评价,见表 4-4-1。

表 4-4-1　自我评价表

项目内容	配分	评分标准	扣分	得分
电梯常规检查制度	20	1. 每年至少进行一次全面检查,必要时要进行载荷试验,并按额定速度进行起升、回转、变幅等机构的安全技术性能检查 2. 每月应对下列项目进行检查: (1)各种安全装置是否有效; (2)动力装置、传动和制动系统是否正常;		

续表

项 目 内 容	配 分	评 分 标 准	扣 分	得 分
电梯常规检查制度		(3)润滑油量是否足够,冷却系统、备用电源是否正常; (4)绳索及吊辅具等有无超过标准规定的损伤; (5)控制电路与电气元件是否正常 3. 每日应对下列项目检查: (1)运行、制动等操作指令是否有效; (2)运行是否正常,有无异常振动或噪声; (3)门联锁开关及安全装置是否完好		
2. 电梯维修人员维保安全操作规程	40	1. 安全进入轿顶步骤 2. 安全进入地坑步骤 3. 进入轿厢应检查内容 4. 进入轿内维修严禁将厅门敞开走车		
3. 电梯作业人员培训考核制度	40	1. 电梯作业人员须经国家规定部门培训且考核合格后持证上岗,无相应《特种作业人员资格证》书者不得独立操作 2. 新招录的电梯作业人员必须已持有相应的资格证书,否则不得录用 3. 在职人员因工作调整从事电梯作业的,参加培训时间以国家规定培训部门的通知为准,培训考核合格取得资格证书者给予报销有关费用,否则培训费用自负 4. 已持《特种作业人员资格证书》者必须按国家有关规定按时参加复审,复审时间以国家规定部门的通知为准,复审合格者给予报销有关费用,否则复审费用自负		
自我评分=(1~3项总分)×40%				

签名________ ________年________月________日

(二)小组评价(30分)

同一实训小组同学进行互评,见表4-4-2。

表4-4-2 小组评价表

项 目 内 容	配 分	评 分
实训记录与自我评价情况	30	
相互帮组与协作能力	30	
安全、质量意识与责任心	40	
小组评分=(1~3项总分)×30%		

参评人员签名________ ________年________月________日

(三)教师评价(30分)

指导教师结合自评与互评的结果进行综合评价,见表4-4-3。

表 4-4-3 教师评价

教师总体评价意见：	
教师评分(30分)	
总评分=自我评分+小组评分+教师评分	

教师签名________ ________年________月________日

思考与练习

一、填空题

1. 有司机控制的电梯必须配备________，无司机控制的电梯必须配备________。

2. 电梯的检修运行状态是只能由经过专业培训并________的人员才能操作电梯的运行状态，此状态时，切断了控制回路中所有________环节和自动开关门的________环节，电梯只能________上行或下行。

3. 电梯维修操作时，维修人员一般不少于________人。

二、选择题

1. 在电梯检修操作运行时，必须是经过专业培训的(　　)。
   A. 电梯司机　　B. 电梯维修人员

2. 电梯的运行是程序化的，通常电梯都具有(　　)。
   A. 有司机运行和无司机运行两种状态
   B. 有司机运行、无司机运行和检修运行三种状态
   C. 有司机运行、无司机运行、检修运行和消防运行四种运行状态

3. 司机在开启电梯厅门进入轿厢之前，务必验证轿厢是否(　　)。
   A. 停在该层　　B. 平层　　C. 停在该层及平层误差情况

4. 电梯出现困人(关人)情况时，首先应做的是(　　)。
   A. 与轿内人员取得联系　　B. 通知维修人员　　C. 通知管理人员

5. 电梯在某一层站，轿厢进人后，操纵盘上的红灯亮，不关门、不走车，此状态被称为(　　)。
   A. 满载　　B. 超载　　C. 故障

三、判断题

1. 只要有把握，可以短接厅门门锁等安全装置进行检修运行。(　　)
2. 在轿厢顶上的进行检修操作时，一般不少于两人。(　　)
3. 电梯司机或电梯管理人员试运行无异常现象后，电梯方可投入使用。(　　)
4. 只要下班时间到，就可以将登记的信号取消掉，锁梯下班。(　　)
5. 电梯出现故障困人时，应强行扒开轿门逃生，避免发生安全事故。(　　)

项目五 电梯安全维护保养基本操作

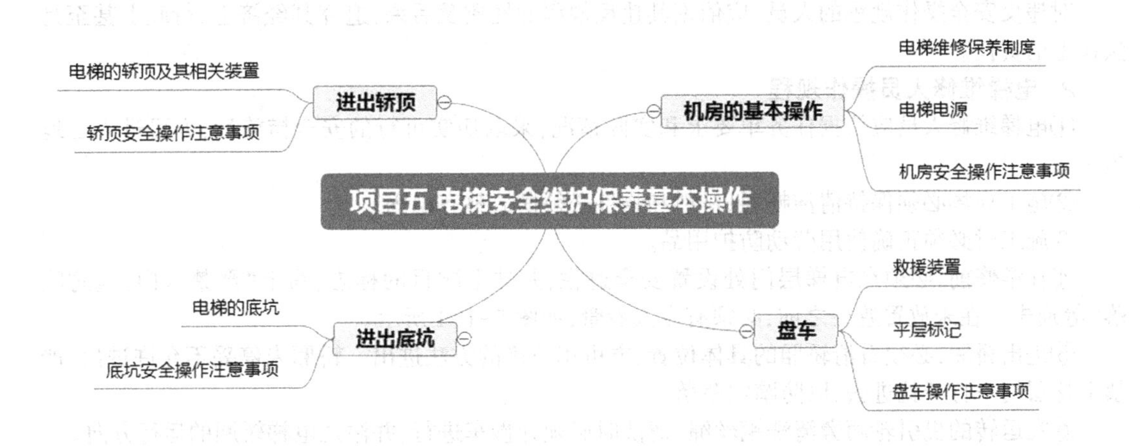

任务一　机房的基本操作

学习目标

1. 了解电梯的安全知识与相关规定。
2. 熟悉电梯安全操作的步骤和注意事项。
3. 掌握机房的规范操作。

任务描述

电梯维护保养是一种专业技术要求高、工艺复杂且有一定危险性的工作。在电梯维护保养过程中,任何一个安全失误都可能造成电梯设备的损坏或造成人身伤亡事故。

通过本任务的学习,掌握在电梯维护保养工作中的安全操作规范,掌握机房正确规范的操作,养成良好的安全意识和职业素养。

相关知识

一、电梯维修保养制度

为了确保电梯的运行安全,要建立正确的维修保养制度,以便对电梯进行经常性的管理维护和检查。

1. 对维修人员的要求

电梯安装维修人员必须经专业技术培训和考核,取得国家相关部门颁发的特种设备的作业人员资格证书后,方可从事相应工作。

电梯安装维修人员必须熟悉和掌握电工、钳工、电梯驾驶方面的理论知识和实际操作技术,熟悉高空作业、电焊、气焊、防火等安全知识。

非电梯安装维修人员严禁操纵电梯,不得进行电梯的安装、维修、保养等操作。

对违反安全操作规程的人员,应依据其违反规程的性质及后果,追究其经济上、行政上甚至是法律上的责任。

2. 电梯维修人员操作规程

①电梯维修人员应依据任务单要求和实际情况,采取切实可行的安全措施后,方可进入工地施工。

②施工现场必须保持清洁畅通,材料和物件必须摆放整齐稳固。

③施工时必须正确使用劳动防护用品。

④在维修前,必须在电梯层门处设置安全遮栏,并挂上醒目的标志,写上“严禁入内,谨防坠落”等通告。在未放置遮栏之前,必须有专人看管,如图 5-1-1 所示。

⑤进出轿厢,必须看清轿厢的具体位置,方可用正确的方法进出。轿厢未停妥不允许进出,严禁电梯层门一打开就进去,以防踏空坠落。

⑥在运转的曳引轮两旁清洗钢丝绳,清洗时必须开慢车进行,并注意电梯轿厢的运行方向。

⑦修理拆装曳引机组、轿厢、对重、导轨和调换钢丝绳时，必须由工地负责人统一指挥，严禁违章操作。

⑧在施工中禁止站在电梯内外门之间，如轿门地坎和层门地坎之间，以防轿厢移动发生意外。

⑨电梯在调试过程中，严禁载客。

⑩施工过程中若离开轿厢，必须切断电源，关上内外门并挂上“禁止使用”的警告牌。

图 5-1-1　警戒护栏

二、电梯电源

电梯安装维修与实训考核装置的供电电源：动力为三相五线 380 V/50 Hz，照明为交流单相 220 V/50 Hz，电压波动范围在±7%。机房内设一只电源控制箱，一般由三个断路器构成，如图 5-1-2 所示，电源开关负责送电给控制柜，轿厢照明开关和井道照明开关分别控制轿厢照明、井道照明，另有 36 V 安全照明及开关插座。检修时箱体可上锁，防止意外送电。

图 5-1-2　机房电源箱

1. 可切断电梯电源的主开关

每台电梯都单独装设一只能切断该电梯所有供电电路的电源开关。该开关应具有切断电梯正常使用情况下最大电流的能力。该开关不应切断下列供电电路：

①轿厢照明和通风。

②轿顶电源插座。

③机房和滑轮间照明。

④机房、滑轮间和底坑电源插座。

⑤电梯井道照明。

⑥报警装置。

2. 三相五线制供电方式

我国供电系统过去一般采用中性点直接接地的三相四线制，但是从安全防护方面考虑，电梯

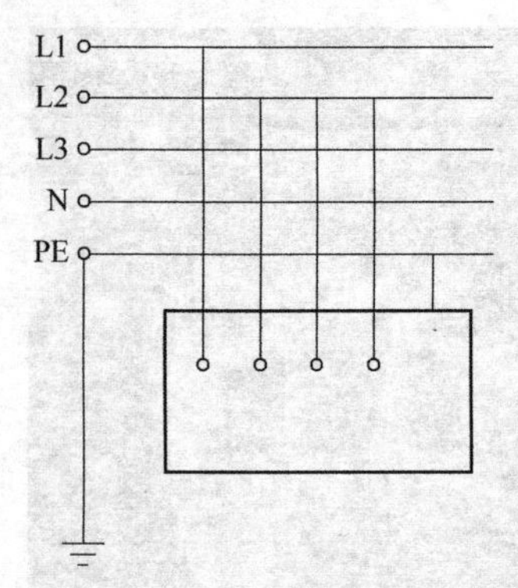

图 5-1-3　三相五线制供电方式

的电气设备还应采用接零保护。在中性点接地系统中，当一相接地时，接地电流成为很大的单相短路电流，保护设备能准确而迅速地动作，切断电流，保障人身和设备安全。接零保护的同时，地线还要在规定的地点采取重复接地。重复接地是将地线的一点或多点通过接地体与大地再次连接。在电梯安全供电现实情况中还存在一定的问题，有的引入电源为三相四线，到电梯机房后，将中性线与保护地线混合使用；有的用敷设的金属管外皮作中性线使用，这是很险的，容易造成触电或损害电气设备。在电梯中应采用三相五线制供电方式，（见图 5-1-3），直接将保护地线引入机房。三相分别是 L1、L2、L3；五线是三条相线（L1—黄色、L2—绿色、L3—红色）、一条工作中性线（N—蓝色）、一条保护中性线（PE—绿/黄双色）。

三、机房安全操作注意事项

①进入机房的时候，打开顶灯，并将身后的自闭合门固定好，离开机房的时候要对上述操作进行相反操作。

②对带电控制柜进行检验或在其附近作业的时候，要提高警惕。

③在转动设备（如电动机）旁边作业时一定要小心，要警惕或去除容易造成羁绊的物件，且不要穿戴容易卷入转动设备中的服饰（如首饰、翻边裤之类）。

④对于多轿厢的作业，要首先找到所保养轿厢的断电开关，在切断电源之前要仔细考虑操作过程。

⑤切记不能用抹布擦拭曳引绳，抹布可能会被破损的曳引绳挂住，造成人体卷进绳轮或缆绳保护器之中。

⑥电梯运转的时候，千万不可对反馈测速仪进行擦拭、调整或移动。如果在运转过程中擅动测速仪，很可能会造成电梯过速。

⑦如果感觉制动轮可能过热，则应将电梯停转，进行过热检查。

⑧检查发电机或者电动机时务必首先切断电源，要等限速器完全停转后再开始工作。

⑨在进行挂牌上锁程序前必须确定操作者身上无外露的金属件，以防止短路。

⑩在拉闸瞬间可能产生电弧，一定要侧身拉闸以免对操作者造成伤害。

⑪电源开关在断相情况下，设备仍可能会带电；另外，检查相与相是为了避免接地被悬。所以对主电源相与相之间、相与地之间都必须进行检验。

⑫进行上锁、挂牌。钥匙必须本人保管，不得给他人。

⑬完成工作后，由上锁本人分别开启自己的锁具。如果是两个或以上人员同时挂牌上锁，一般由最后开锁的人进行恢复，注意需要侧身上电。

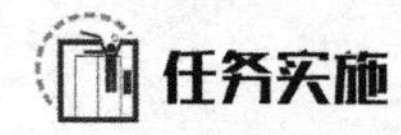

任务实施

步骤一：实训准备。

①实训前先由指导教师进行安全与规范操作的教育。

②维护人员在进行工作之前，必须要身穿工作服，头戴安全帽、脚穿防滑电工鞋，同时如果要

进出轿顶还必须要系好安全带,如图 5-1-4 所示。

③维护人员在检修电梯时,必须要在维护保养的电梯基站和相关层站门口处放量警戒线护栏和安全警示牌,防止在检测电梯时无关人员进入电梯轿厢或进入井道,如图 5-1-5 所示。

步骤二:通电运行。

开机时请先确认操纵箱、轿顶电器箱、底坑检修箱的所有开关置正常位置,并告知其他人员,然后按以下顺序合上各电源开关。

图 5-1-4　工作前准备

图 5-1-5　警戒护栏

①合上机房的三相动力电源开关(AC380 V)。

②合上照明电源开关(AC220 V、36 V)。

③将控制柜内的断路器开关置于 ON 位置。

步骤三:断电挂牌上锁。

1. 侧身断电

操作者站在配电箱侧边,先提醒周围人员注意避开,然后确认开关位置,伸手拿住开关,偏过头部,眼睛不可看开关,然后拉闸断电,如图 5-1-6 所示。

图 5-1-6　侧身断电

2. 确认断电

验证电源是否被完全切断。用万用表对主电源相与相之间、相与对地之间进行验证,确认断电后,再对控制柜中的主电源线进行验证,以及对变频器的断电进行验证,如图5-1-7所示。

3. 挂牌上锁

确认完成断电工作后,挂上“在维修中”的牌,将配电箱锁上,就可以安全地开展工作,如图5-1-8所示。

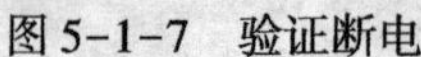
图5-1-7 验证断电

图5-1-8 挂牌上锁

步骤四:记录与讨论。

将机房基本操作的步骤与要点记录于表5-1-1中(也可自行设计记录表格)。

表5-1-1 机房基本操作记录表

操作步骤	操作要领	注意事项
步骤1		
步骤2		
步骤3		
步骤4		
步骤5		
步骤6		
步骤7		

任务评价

(一)自我评价(40分)

学生根据学习任务完成情况进行自我评价,见表5-1-2。

表 5-1-2　自我评价表

项目内容	配分	评 分 标 准	扣分	得分
1. 安全意识	10	1. 不按要求穿着工作服、戴安全帽、穿防滑电工鞋(扣 2 分) 2. 在基站没有设防护栏(扣 2 分) 3. 在基站没有警示牌(扣 2 分) 4. 不按安全要求规范使用工具(扣 2 分) 5. 有其他违反安全操作规范的行为(扣 2 分)		
2. 通电操作	30	1. 没有做好操作前全面检查(扣 5 分) 2. 没有大声告知其他人员准备通电(扣 5 分) 3. 没有侧身合闸(扣 10 分) 4. 没有按顺序操作(扣 10 分)		
3. 断电操作	40	1. 没有侧身断电(扣 10 分) 2. 没有验电(扣 10 分) 3. 没有上锁(扣 10 分) 4. 没有挂牌(扣 10 分)		
4. 职业规范和环境保护	20	1. 在工作过程中工具和器材摆放凌乱(扣 5 分) 2. 不爱护设备、工具、不节省材料(扣 5 分) 3. 在工作完成后不清理现场,在工作中产生的废弃物不按规定处置(扣 10 分)		
自我评分=(1~4 项总分)×40%				

签名＿＿＿＿＿＿＿＿年＿＿＿＿月＿＿＿＿日

(二)小组评价(30 分)

同一实训小组同学进行互评,见表 5-1-3。

表 5-1-3　小组评价表

项 目 内 容	配 分	评 分
实训记录与自我评价情况	30	
相互帮助与协作能力	30	
安全、质量意识与责任心	40	
小组评分=(1~3 项总分)×30%		

参评人员签名＿＿＿＿＿　＿＿＿＿＿年＿＿＿＿月＿＿＿＿日

(三)教师评价(30 分)

指导教师结合自评与互评的结果进行综合评价,见表 5-1-4。

表 5-1-4　教师评价

教师总体评价意见:	
教师评分(30 分)	
总评分=自我评分+小组评分+教师评分	

教师签名＿＿＿＿＿　＿＿＿＿＿年＿＿＿＿月＿＿＿＿日

任务二　盘　　车

学习目标

1. 了解电梯的安全知识与相关规定。
2. 熟悉电梯安全操作的步骤和注意事项。
3. 学会盘车的规范操作。

任务描述

当电梯停电或发生故障需要对困在轿厢内的人进行救援时，需要使用盘车紧急操作。通过本任务的学习，掌握盘车救人的正确规范操作，养成良好的安全意识和职业素养。

相关知识

一、救援装置

1. 手动紧急操作装置

当电梯停电或发生故障需要对困在轿厢内的人进行救援时，就需要手动紧急操作，一般称为“人工盘车”，紧急操作包括人工松闸和盘车两个相互配合的操作，所以操作装置也包括人工松闸的装置（松闸扳手）和手动盘车的装置（盘车手轮），一般盘车手轮应漆成黄色，松闸扳手应漆成红色，挂在附近的墙上，紧急需要时随手可以拿到，如图 5-2-1 所示。

2. 人工紧急开锁装置

为了在必要（如救援）时能从层站外打开厅门，规定每个厅门都应有人工紧急开锁装置。工作人员可用三角形的专用钥匙，从厅门上部的锁孔中插入，通过门后的开门顶杆将门锁打开，如图 5-2-2 所示。在无开锁动作时，开锁装置应自动复位，不能仍保持开锁状态，在以往的电梯上紧

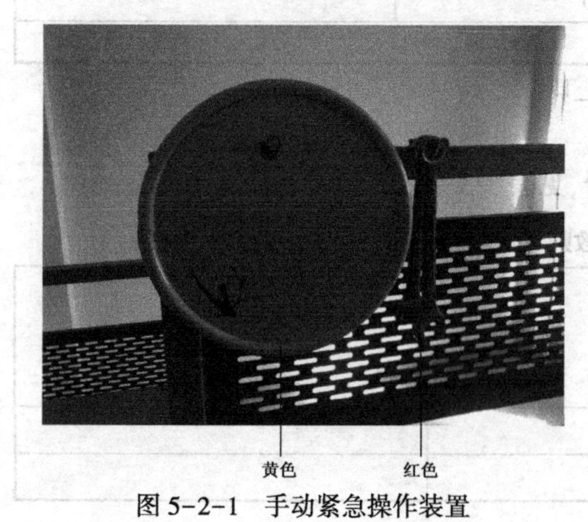

图 5-2-1　手动紧急操作装置

图 5-2-2　人工紧急开锁装置

急开锁装置只设在基站或两个端站。由于电梯救援方式的改变,现在强调每个层站的厅门均应设紧急开锁装置。

二、平层标记

为使操作人员在操作时知道轿厢的位置,机房内必须有层站指示,最简单的方法就是在曳引绳上用油漆做上标记,同时将标记对应的层站写在机房操作地点的附近。电梯从第一站到最后一站,每楼层用二进制表示,在机房曳引机钢丝绳上用红漆或者黄漆表示出来,这就是平层标记,如图 5-2-3 所示,而且要在机房张贴平层标记说明。

图 5-2-3　平层标记

曳引钢丝绳标志查看方法:从靠近"平层区域"字样的曳引钢丝绳开始,按 1、2、3 依次排序,按照 8421 码的编码规则确定电梯的楼层数(8421 码的编码规则是右起第一位是 1、第二位是 2、第三位是 4、第四位是 8……)。确定楼层数时只要按每位代表的数值相加得到的数量就是楼层数。例如:如果只有第一根涂有油漆,由于第一位表示 1,则表示电梯在 1F;只有第二根涂有油漆,第二位表示是 2,则表示电梯在 2F;第一根和第二根都涂有油漆则表示电梯在 3F(1+2=3);第一根和第三根涂有油漆,则表示电梯在 5F(1+4=5);第一、二、三根都有油漆则表示电梯在 7F(1+2+4=7)。依次计算便可以得出楼层实际位置。

三、盘车操作注意事项

①确保厅门、轿门关闭,切断主电源开关。通知轿厢内人员不要靠近轿门,注意安全。

②机房盘车时,必须至少两人配合作业,一人盘车,一人松闸,通过监视钢丝绳上的标记识别轿厢是何时处于平层位置。

③用厅门钥匙开启厅门,厅门先打开的宽度应在 10 cm 以内,向内观察,证实轿厢在该楼层,检查轿门地坎与楼层地面间的上下间距。确认上下间距不超过 0.3 m 时才可打开轿厢释放被困的乘客。

④待电梯故障处理完毕,试车正常后才可恢复电梯运行。

任务实施

步骤一:实训准备。

①实训前先由指导教师进行安全与规范操作的教育。

②按要求做好相关准备工作。

步骤二:盘车操作步骤。

1. 切断电源

切断主电源并上锁挂牌(应保留照明电源)。如轿厢内有人,应告知正在施救,请保持镇定。

2. 松闸盘车

切断主电源。

上锁挂牌。

确定轿厢位置和盘车方向(是否超过最近的平层位置 0.3 m,当超过时须松闸盘车)。方法一:查看平层标记;方法二:在被困楼层用钥匙稍微打开厅门确认。

①电梯轿厢与平层位置相差是否超过 0.3 m,若电轿厢与平层位置相差超过 0.3 m 时,进行如下操作:

A. 维修人员迅速赶往机房,根据平层图的标示判断电梯轿厢所处楼层。

B. 用工具取下盘车轮开关盖,如图 5-2-4 所示。取下挂在附近的盘车手轮和松闸扳手,如图 5-2-5 所示。

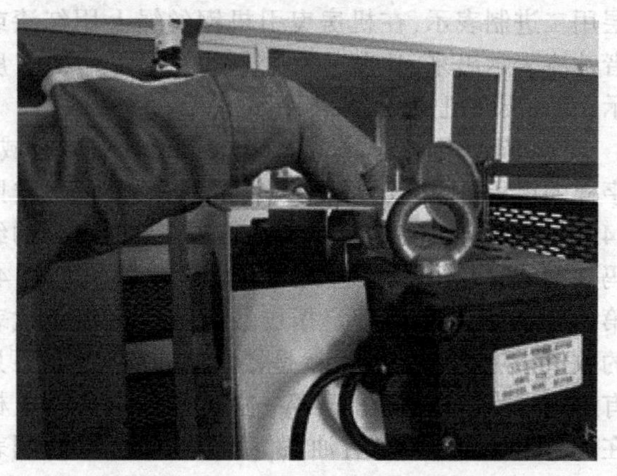

图 5-2-4 取下盘车手轮开关盖

C. 一人安装手动盘车轮,将盘车手轮上的小齿轮与曳引机的大齿轮啮合确认后,另一人用松闸扳手对抱闸施加均匀压力,使制动片松开。操作时,应两人配合口令,(松、停)断续操作,使轿厢慢慢移动,切记开始时一次只可移动轿厢约 30 mm,不可过急或幅度过大,以确定轿厢是否获得安全移动及抱闸制动的性能。当确信可安全移动后,一次可使轿厢滑移约 300 mm,直到轿厢到达最近楼层平层。在盘车之前,告知乘客在施救过程中,电梯将会多次起动和停车。盘车操作如图 5-2-6 所示。

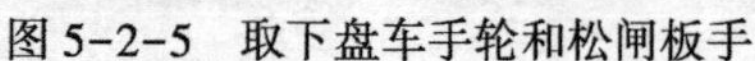

图 5-2-5 取下盘车手轮和松闸板手

图 5-2-6 盘车操作

注意:盘车操作人员在盘车过程时,绝对不能两手同时离开盘车轮,同时两脚应站稳。

D. 用厅门开锁钥匙打开电梯厅门和轿门并引导乘客有序地离开轿厢。

E. 重新关好厅门和轿门。

F. 电梯没有排除故障前,应在各厅门处设置禁用电梯的指示牌。

②电梯轿厢与平层位置相差在 0.3 m 以内时,进行上述 D~F 的操作步骤。

3. 恢复

当所有乘客撤离后，必须把厅门、轿门重新关闭，在机房将松闸扳手、盘车轮放回原位，将钥匙交回原处并登记。

步骤三：记录与讨论。

①将机房基本操作的步骤与要点记录于表 5-2-1 中（也可自行设计记录表格）

表 5-2-1　盘车操作记录表

操作步骤	操 作 要 领	注 意 事 项
步骤 1		
步骤 2		
步骤 3		
步骤 4		
步骤 5		
步骤 6		
步骤 7		
步骤 8		
步骤 9		

②学生分组（可按盘车时的配对以两人为一组）讨论：

A. 进行盘车操作的要领与体会。

B. 进行小组互评（叙述和记录的情况），记录于在表中。

任务评价

（一）自我评价（40 分）

学生根据学习任务完成情况进行自我评价，见表 5-2-2。

表 5-2-2　自我评价表

项 目 内 容	配 分	评 分 标 准	扣 分	得 分
1. 安全意识	10	1. 不按要求穿着工作服、戴安全帽、穿防滑电工鞋（扣 2 分） 2. 在基站没有设防护栏（扣 2 分） 3. 在基站没有警示牌（扣 2 分） 4. 不按安全要求规范使用工具（扣 2 分） 5. 有其他违反安全操作规范的行为（扣 2 分）		
2. 盘车救人的基本操作	60	1. 没有及时安抚被困乘客（扣 5 分） 2. 没有断电后挂牌上锁（扣 5 分） 3. 轿厢位置和盘车方向判断有误（扣 10 分） 4. 判断电梯在平层区后停止盘车，没有把救援装置放回原处（扣 10 分） 5. 没有用专用工具合理开门（扣 10） 6. 人员救出来后没有及时关好厅门、轿门（扣 10 分） 7. 没有确认电梯是否正常并恢复原状（扣 10 分）		

续表

项 目 内 容	配 分	评 分 标 准	扣 分	得 分
3. 盘车的姿势	20	1. 盘车松闸时两脚没有站稳(扣6分) 2. 盘车时两手离开盘车轮(扣8分) 3. 盘车口号,配合不默契(扣6分)		
4. 职业规范和环境保护	10	1. 在工作过程中工具和器材摆放凌乱(扣3分) 2. 不爱护设备、工具、不节省材料(扣3分) 3. 在工作完成后不清理现场,在工作中产生的废弃物不按规定处置(扣4分)		
自我评分=(1~4项总分)×40%				

签名________ ________年________月________日

(二)小组评价(30分)

同一实训小组同学进行互评,见表5-2-3。

表5-2-3 小组评价表

项 目 内 容	配 分	评 分
实训记录与自我评价情况	30	
相互帮助与协作能力	30	
安全、质量意识与责任心	40	
小组评分=(1~3项总分)×30%		

参评人员签名________ ________年________月________日

(三)教师评价(30分)

指导教师结合自评与互评的结果进行综合评价,见表5-2-4。

表5-2-4 教师评价

教师总体评价意见:	
教师评分(30分)	
总评分=自我评分+小组评分+教师评分	

教师签名________ ________年________月________日

任务三 进出轿顶

学习目标

1. 了解电梯的安全知识与相关规定。
2. 熟悉电梯安全操作的步骤和注意事项。
3. 掌握进出轿顶的规范操作。

任务描述

电梯轿顶作业安全不可忽视，通过本任务的学习，掌握在电梯维护保养工作中的安全操作规范，掌握进出轿顶的正确规范操作，养成良好的安全意识和职业素养。

相关知识

一、电梯的轿顶及其相关装置

1. 轿顶

轿顶结构如图 5-3-1 所示，由于安装、检修和营救的需要，轿顶有时需要站人。我国有关技术标准规定，轿顶承受三个携带工具的检修人员（每人以 100 kg 计）时，其弯曲挠度应不大于跨度的 1/1 000。此外轿顶上应有一块不小于 0.12 m^2 的站人用的净面积，其小边长度至少应为 0.25 m。同时轿顶还应设置排气风扇以及检修开关、急停开关和电源插座，以供应检修人员在轿顶上工作的需要。轿顶靠近对重的一面应设置防护栏杆，其高度不超过轿厢的高度。

2. 急停开关

急停开关也称安全开关，如图 5-3-2 所示，是串接在电梯控制电路中的一种不能自动复位的手动开关，当遇到紧急情况或在轿顶、底坑、机房等处检修电梯时，为防止电梯的起动、运行，将开关关闭，切断控制电源以保证安全。急停开关应有明显的标志，按钮应为红色，旁边标以“停止”“复位”字样。

急停开关分别设置在轿顶操纵盒上、底坑内和机房控制柜壁上及滑轮间。有的电梯轿厢操纵盘（箱）上也有设置此开关。

图 5-3-1　轿顶结构图

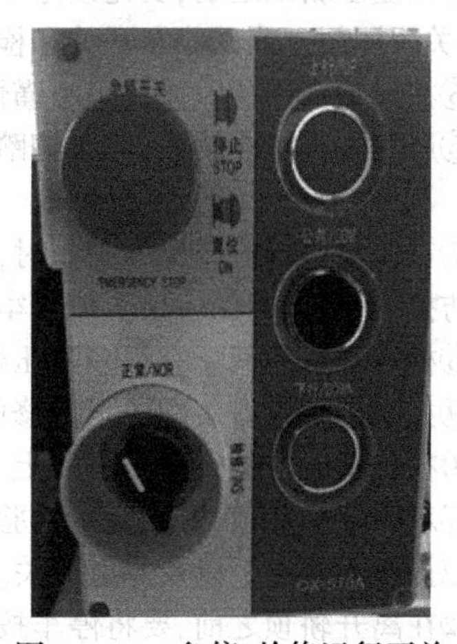

图 5-3-2　急停、检修运行开关

轿顶的停止开关应面向轿门，离轿门距离不大于 1 m。底坑的停止开关应安装在进入底坑可立即触及的地方。当底坑较深时可以在下底坑时的梯子旁和底坑下部各设一个串联的停止开关（最好是能联动操作的开关）。在开始下底坑时即可将上部开关打在停止的位置，到底坑后也可用操作装置消除停止状态或重新将开关处于停止位置。轿厢装有无孔门时，轿厢内严禁装设停止开关。

3. 电梯的检修运行装置

检修运行状态是为便于检修和维护而设置的运行状态，由安装在轿顶或其他地方的检修运行装置进行控制。

检修运行时应取消正常运行的各种自动操作，如取消轿厢内和层站的召唤、取消门的自动操作等。此时轿厢的运行依靠持续按压方向操作按钮操纵，轿厢的运行速度不得超过 0.63 m/s，门的开关也由持续按压开关门按钮控制。检修运行时所有的安全装置（如限位和极限开关、门的电气安全触点和其他的电气安全开关，以及限速器和安全钳等）均有效，所以检修运行时电梯是不能开门运行的。

检修运行装置包括一个运行状态转换开关、操纵运行的方向按钮和急停开关。检修转换开关应是符合电气安全触点要求的双稳态开关，有防误操作的措施，开关的“检修”和“正常运行”位置有标志，若用刀开关或拨杆开关则向下应是检修运行状态。轿厢内的检修开关应用钥匙动作，或设在有锁的控制盒中。

检修运行的方向按钮应有防误动作的保护，并标明方向。有的电梯为防误动作设三个按钮：“上行”、“下行”和“公共”。操纵时方向按钮必须与中间的公共按钮同时按下才有效。

当轿顶以外的部位如机房、轿厢内也有检修运行装置时，必须保证轿顶的检修开关“优先”，即当轿顶检修开关处于检修运行位置时，其他地方的检修运行装置全部失效。

二、轿顶安全操作注意事项

①尽量在最高层站进入轿顶，如果作业性质要求，则可以利用井道通道。

②必要时要使用防坠落装备。

③不要用手去抓钢丝绳。

④在登上轿顶之前，要先按停车按钮，然后打开检修开关，再打开照明开关。知道安全的落脚点后，关闭厅门。测试停车开关和检修开关。

⑤在轿顶活动的时候要小心谨慎，避免碰到轿顶紧急出口盖板、门机以及重开门控制盒。

⑥严禁一脚踩在轿顶，另一脚踏在井道或其他固定物上作业。严禁站在井道外探身到轿顶上作业。

⑦在轿顶进行检修保养工作时，切忌靠近或挤压防护栏，并应注意对重与轿厢间距，人体切勿伸出防护栏，且应确保轿顶防护栏牢固固定在上梁。

⑧检查顶部空间。有很多液压梯的顶部空间是有限的。

⑨如果电梯没有装配轿顶检修站，则需要同事在轿厢内操纵电梯，此时便要建立良好的通信。

⑩在井道中部的位置要留意上下运行的对重块。

⑪对于多梯井道，要注意所检验的轿厢井道的边界。在轿顶之外有各种潜伏的危险，例如分隔梁、对重块、隔磁板以及井道开关。

⑫在离开轿顶之前，要将停车按钮复位，然后从厅门外将前面的各个开关按相反顺序复位。

任务实施

步骤一：实训准备。

①实训前先由指导教师进行安全与规范操作的教育。

②按要求做好相关准备工作。

步骤二:进入轿顶。

①在基站设置警戒线护栏和安全警示牌,在工作楼层放置安全警示牌。

②按电梯外呼按钮,将电梯呼到要上轿顶的楼层,如图 5-3-3 所示。然后在轿厢内选下一层的指令,将电梯停到下一层或便于上轿顶的位置(当楼层较高时),如图 5-3-4 所示。

图 5-3-3　按外呼

图 5-3-4　按内呼

③当电梯运行到适合进出轿顶的位置,用厅门钥匙打开厅门,开至 100 mm 处,放入顶门器(见图 5-3-5)。按外呼按钮等候 10 s,测试厅门门锁是否有效(见图 5-3-6)。

图 5-3-5　放入顶门器

图 5-3-6　验证厅门锁电路

④操作人员重新打开厅门,放置顶门器。站在厅门地坎处,侧身按下急停开关(见图 5-3-7),打开 36 V 照明灯(见图 5-3-8)。取出顶门器,关闭厅门,按外呼按钮等候 10 s,测试急停开关是

否有效。

图 5-3-7　侧身按下急停开关

图 5-3-8　打开轿顶照明灯

⑤打开厅门，放置顶门器，将检修开关拨至检修位置，如图 5-3-9 所示。然后将急停开关复位，取下顶门器，关闭厅门，按外呼按钮(见图 5-3-10)，测试检修开关是否有效。

图 5-3-9　将检修开关拨至检修位置

图 5-3-10　按外呼按钮验证检修开关

⑥打开厅门，放置顶门器，按下急停开关，进入轿顶。站在轿顶安全、稳固、便于操作检修开关的地方，将安全绳挂在锁钩处，并拧紧。取出顶门器，关闭厅门。

⑦站到轿顶，将急停开关复位，首先单独操作上行按钮，如图 5-3-11 所示。观察轿厢移动状况，如无移动则按公共按钮和上行按钮，如图 5-3-12 所示，电梯上行，验证完毕。

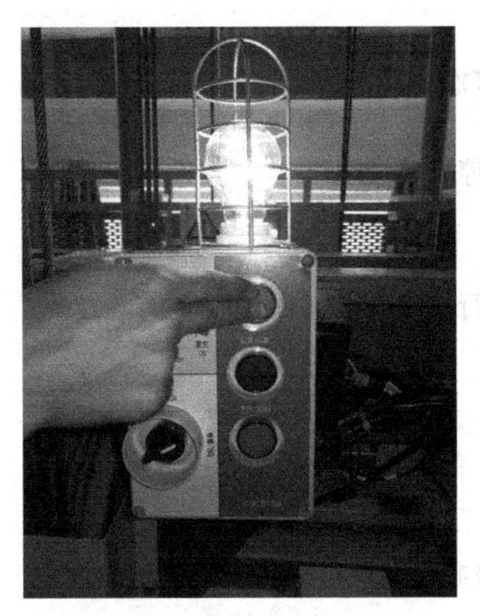

图 5-3-11 按上行按钮

图 5-3-12 按公共按钮和上行按钮

再单独按下行按钮,如图 5-3-13 所示。按时观察轿厢移动状况,如无移动则按公共按钮和下行按钮,如图 5-3-14 所示,电梯下行,验证完毕。

⑧将电梯开到合适位置,按下急停开关,开始轿顶工作。

图 5-3-13 按下行按钮

图 5-3-14 按公共按钮和下行按钮

步骤三:退出轿顶。

1. 同一楼层退出轿顶

①在检修状态下将电梯开到要退出轿顶的合适位置,按下急停开关。

②打开厅门,退出轿顶,用顶门器固定厅门。

③站在厅门口,将轿顶的检修开关复位。

④关闭轿顶照明开关。

⑤将轿顶急停开关复位。

⑥取出顶门器,关闭厅门确认电梯正常运行,移走警戒线护栏和安全警示牌。

2. 不在同一楼层退出轿顶

①将电梯开到要退出轿顶楼层的合适位置,按下急停开关。

②打开厅门,放顶门器。

③将轿顶急停开关复位。

④先按公共按钮和下行按钮,然后按公共按钮和上行按钮,确认门锁回路的有效性。

⑤验证完毕,按下急停开关控制电梯。

⑥打开厅门,退出轿顶,用顶门器固定厅门。

⑦站在厅门口,将轿顶的检修开关复位。

⑧关闭轿顶照明开关。

⑨将轿顶急停开关复位。

⑩取出顶门器,关闭厅门确认电梯正常运行,移走警戒线护栏和安全警示牌。

步骤四:记录与讨论。

将进出轿顶操作的步骤与要点记录于表5-3-1中。

表5-3-1　进出轿顶操作记录表

操作步骤	操 作 要 领	注 意 事 项
步骤1		
步骤2		
步骤3		
步骤4		
步骤5		
步骤6		
步骤7		
步骤8		
步骤9		
步骤10		
步骤11		

任务评价

(一)自我评价(40分)

学生根据学习任务完成情况进行自我评价,如表5-3-2所示。

表5-3-2　自我评价表

项目内容	配分	评分标准	扣分	得分
1. 安全意识	10	1. 不按要求穿着工作服、戴安全帽、穿防滑电工鞋(扣2分) 2. 在基站没有设防护栏(扣2分) 3. 在基站没有警示牌(扣2分) 4. 不按安全要求规范使用工具(扣2分) 5. 有其他违反安全操作规范的行为(扣2分)		
2. 进入轿顶	50	1. 轿厢没有停在合适的位置(扣10分) 2. 三角钥匙使用不正确(扣10分) 3. 没有验证厅门回路(扣10分) 4. 没有验证急停回路(扣10分) 5. 没有验证检修回路(10分)		
3. 出轿顶	30	1. 没有将电梯运行至易于出轿顶的位置(扣10分) 2. 不在同一层,没有验证厅门回路(扣10分) 3. 没有将急停开关复位,没有将检修开关打到正常位置,轿顶照明没有关闭(扣10分)		
4. 职业规范和环境保护	10	1. 在工作过程中工具和器材摆放凌乱(扣3分) 2. 不爱护设备、工具、不节省材料(扣3分) 3. 在工作完成后不清理现场,在工作中产生的废弃物不按规定处置(扣4分)		
自我评分=(1~4项总分)×40%				

签名________　________年________月________日

(二)小组评价(30分)

同一实训小组同学进行互评,如表5-3-3所示。

表5-3-3　小组评价表

项目内容	配分	评分
实训记录与自我评价情况	30	
相互帮助与协作能力	30	
安全、质量意识与责任心	40	
小组评分=(1~3项总分)×30%		

参评人员签名________　________年________月________日

(三)教师评价(30分)

指导教师结合自评与互评的结果进行综合评价,如表5-3-4所示。

表 5-3-4 教师评价

教师总体评价意见：	
教师评分(30 分)	
总评分=自我评分+小组评分+教师评分	

教师签名________年____月____日

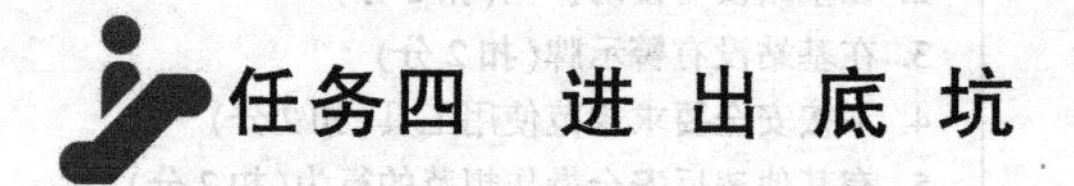

任务四 进出底坑

学习目标

1. 了解电梯的安全知识与相关规定。
2. 熟悉电梯安全操作的步骤和注意事项。
3. 学会进出底坑的规范操作。

任务描述

电梯进出底坑作业属于为危险作业,存在一定的风险性,通过本任务的学习,掌握进出底坑的正确规范操作,养成良好的安全意识和职业素养。

相关知识

一、电梯的底坑

1. 底坑的结构组成

底坑在井道的底部,是电梯最低层站下面的环绕部分(见图 5-4-1),底坑里有导轨底座、轿厢和对重所用的缓冲器、限速器张紧装置、急停开关盒等。

2. 底坑的土建要求

①井道下部应设置底坑,除缓冲器座、导轨座以及排水装置外,底坑的底部应光滑平整,不得渗水,底坑不得作为积水坑使用。

②如果底坑深度大于 2.5 m 且建筑物的布置允许,应设置底坑进口门,该门应符合检修门的要求。

③如果没有其他通道,为了便于检修人员安全地进入底坑地面,应在底坑内设置一个从厅门进入底坑的永久性装置,此装置不得凸入电梯运行的空间。

④当轿厢完全压在它的缓冲器上时,底坑还应有足够的空间能放进一个不小于 0.5 m×0.6 m×1.0 m 的矩形体。

⑤底坑底与轿厢最低部分之间的净空距离不应小于 0.5 m。

⑥底坑内应有电梯停止开关,该开关安装在底坑处,当人打开门进入底坑时应能够立即触及。

图 5-4-1　底坑的结构

⑦底坑内应设置一个电源插座。

3. 在底坑维修时应注意的安全事项

①首先切断电梯的底坑急停开关或动力电源,才能进入底坑工作。

②进底坑时要使用梯子,不准踩踏缓冲器进入底坑,进入底坑后找安全的位置站好。

③在底坑维修工作时严禁吸烟。

④需运行电梯时,在底坑的维修人员一定要注意所处的位置是否安全。

⑤底坑里必须设有低压照明灯,且亮度要足够。

⑥有操作人员在底坑工作时,绝不允许机房、轿顶等处同时进行检修工作,以防意外事故发生。

二、底坑安全操作注意事项

①准备好必备的工具,如厅门钥匙、手电筒等。

②进入底坑时,应先切断底坑急停开关,打开底坑照明。

③打开厅门,使厅门固定,将门关至最小开启位置,按外呼验证厅门回路有效。

④放好厅门安全警示障碍/护栏,将电梯开至最底层,在电梯内分别按上两个楼层的内呼按钮,然后把电梯停到上一层,检查轿厢内有无乘客。

⑤打开厅门,按下急停开关,关闭厅门,按外呼按钮,验证急停开关有效。

⑥打开厅门,打开照明开关(如果有照明开关),将厅门固定在开启位置,顺爬梯进入底坑,将厅门可靠固定在最小的开启位置,开始进行底坑工作(在上述验证的步骤中,验证的等待时间至少为 10 s;如电梯尚未安装外呼按钮,或是群控电梯,可由两名员工通过互相沟通,一人在轿厢内通过按内呼按钮的方法来验证安全回路的有效性。需要注意的是,在上述验证过程中,如发现任何安全回路失效,应立即停止操作,先修复电梯故障,如不能立即修复,则应将电梯断电、上锁、设标签)。

⑦打开厅门,将厅门固定在开启位置。顺爬梯爬出底坑,关照明开关,拔出急停开关。

⑧关闭厅门,确认电梯恢复正常。

⑨禁止井道上、下同时工作。必须上下配合工作时,底坑人员必须戴好安全帽。

⑩注意保持底坑卫生与清洁。

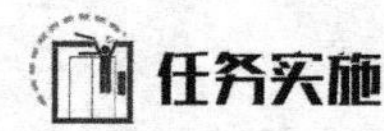

任务实施

步骤一：实训准备。

①实训前先由指导教师进行安全与规范操作的教育。

②按要求做好相关准备工作。

步骤二：进入底坑。

①在基站设置警戒线护栏，安全警示牌。工作楼层放安全警示牌。

②按外呼按钮，将轿厢召唤至此层。

③在轿厢内打上一层和顶层两个指令。

④等待电梯运行到合适位置。用厅门钥匙打开厅门，开至 100 mm 处，放入顶门器，按外呼按钮等候 10 s，测试厅门门锁是否有效（若轿厢在平层位置，应确认电梯轿门和相应厅门处于关闭状态）。

⑤打开厅门，放入顶门器，侧身保持平衡，按上急停开关，如图 5-4-2 所示。拿开顶门器，关闭厅门，按外呼按钮等候 10 s，测试急停开关是否有效。

图 5-4-2　侧身按底坑急停开关

⑥打开厅门，放置顶门器，进入底坑，打开照明开关。按下急停开关，再出底坑。在厅门外将上急停开关复位，拿开顶门器，关闭厅门，按外呼按钮，测试下急停开关是否有效。

⑦打开厅门，放置顶门器，按上急停开关，进入底坑。打开厅门，开至 100 mm 处，放入顶门器固定厅门，开始工作。如底坑过深，需要其他人协助放置顶门器。

步骤三：退出底坑。

①完全打开厅门，用顶门器固定厅门。

②将下急停开关复位，关闭照明开关，出底坑。

③在厅门地坎处，将上急停开关复位。

④拿开顶门器，关闭厅门。

⑤试运行确认电梯恢复正常后，清理现场，移开安全警示牌。

步骤四:记录与讨论。

将进出底坑操作的步骤与要点记录于表 5-4-1 中。

表 5-4-1　进出底坑操作记录表

操 作 步 骤	操 作 要 领	注 意 事 项
步骤 1		
步骤 2		
步骤 3		
步骤 4		
步骤 5		
步骤 6		
步骤 7		
步骤 8		
步骤 9		

任务评价

(一) 自我评价(40 分)

学生根据学习任务完成情况进行自我评价,如表 5-4-2 所示。

表 5-4-2　自我评价表

项 目 内 容	配 分	评 分 标 准	扣 分	得 分
1. 安全意识	20	1. 不按要求穿着工作服、戴安全帽、穿防滑电工鞋(扣 2 分) 2. 在基站没有设防护栏(扣 2 分) 3. 在基站没有警示牌(扣 2 分) 4. 不按安全要求规范使用工具(扣 2 分) 5. 有其他违反安全操作规范的行为(扣 2 分)		
2. 进入底坑	50	1. 操作时头和身体越过厅门(扣 10 分) 2. 顶门器使用不正确(扣 10 分) 3. 没有验证厅门回路(扣 10 分) 4. 没有验证上急停回路(扣 10 分) 5. 没有验证下急停回路(扣 10 分)		
3. 出底坑	20	1. 没有将急停开关复位;底坑照明没有关闭(扣 10 分) 2. 工作结束后,没有检查电梯恢复工作(扣 10 分)		
4. 职业规范和环境保护	10	1. 在工作过程中工具和器材摆放凌乱(扣 3 分) 2. 不爱护设备、工具,不节省材料(扣 3 分) 3. 在工作完成后不清理现场,在工作中产生的废弃物不按规定处置(扣 4 分)		
自我评分=(1~4 项总分)×40%				

签名________　________年________月________日

（二）小组评价（30分）

同一实训小组同学进行互评，如表5-4-3所示。

表5-4-3 小组评价表

项目内容	配分	评分
实训记录与自我评价情况	30	
相互帮助与协作能力	30	
安全、质量意识与责任心	40	
小组评分=（1~3项总分）×30%		

参评人员签名________ ________年________月________日

（三）教师评价（30分）

指导教师结合自评与互评的结果进行综合评价，如表5-4-4所示。

表5-4-4 教师评价

教师总体评价意见：	
教师评分（30分）	
总评分=自我评分+小组评分+教师评分	

教师签名________ ________年________月________日

思考与练习

一、填空题

1. 在拉闸瞬间可能产生________，一定要________以免对人造成伤害。

2. 当轿厢超过最近的楼层平层位置________m，须松闸盘车。

3. 机房内的紧急手动操作装置是漆成黄色的________和漆成红色的________。

4. 进入轿顶时，首先切断轿厢顶上检修盒上的________开关，使电梯无法运行，再将有关开关置于________状态。

5. 进出轿顶的程序，主要使用的工具是________和________。在操作中分别要验证________、________、________回路，每次只能验证一个回路。

二、选择题

1. 电梯供电系统应采用________系统。

A. 三相五线制　B. 三相四线制　C. 三相三线制　D. 单相

2. 停止开关（急停）应是________色，并标有________字样加以识别。

A. 红、停止（或急停）　B. 黄、停止（或急停）　C. 绿、急停　D. 红、开关

3. 电梯出现关人现象，维修人员首先应做的是________。

A. 打开抱闸，盘车放人　B. 切断电梯动力电源

C. 与轿内人员取得联系，了解情况　D. 打开厅门放人

4. 为了必要（如救援）时能从层站外打开厅门，紧急开锁装置应________。

A. 在基站厅门上设置　　B. 在两个端站厅门上设置

C. 设置在每个层站的厅门上　　D. 每两层设置一个

5. 需要手动盘车时，应________。

A. 切断电梯电源　　B. 按下停止开关

C. 有人监护　　D. 打开制动器

6. 若机房、轿顶、轿厢内均有检修运行装置，必须保证________的检修控制“优先”。

A. 机房　　B. 轿顶　　C. 轿厢内　　D. 最先操作

7. 用厅门钥匙开启厅门前，应________。

A. 观察层楼显示　　B. 确认轿厢位置　　C. 有人监护　　D. 接受培训

三、判断题

1. 从进入机房起，供电系统的中性线(N 线)与保护线(PE 线)应始终分开。（　　）

2. 为在盘车时掌握轿厢的平层状况，曳引绳上应标注层楼平层标志。（　　）

3. 电梯安装、维修及保养时，应在明显位置处设置施工警告牌。（　　）

4. 当电梯控制柜的检修装置处于检修状态时，将轿顶检修装置搬到检修位置，电梯应立即停止运行。（　　）

5. 基站就是电梯的最底层站。（　　）

6. 为了便于紧急状态下的紧急操作，盘车时抱闸一经人工打开即应锁紧在开启状态，使得只需一人即可完成盘车操作。（　　）

7. 电梯在运行过程中非正常停车困人，是一种保护状态。（　　）

8. 通电之后，机房电源箱必须挂牌上锁。（　　）

项目六

电梯电气系统的维护与保养

- 项目六 电梯电气系统的维护与保养
  - 安全保护电路的维护
    - 安全保护路的作用
    - 电路的组成与工作原理
  - 电气控制柜的维护
    - 电梯电气系统故障的常见类型及其原因
    - 电梯电气系统故障排查的三个原则
    - 电梯电气系统故障的排查方法
    - 机房电气控制柜电源电路工作原理
  - 开关门电路的维护
    - 电梯的自动开关门系统
  - 呼梯与楼层显示系统的维护
    - 电梯呼梯与楼层显示系统
    - 电梯呼梯与楼层显示方式与功能

任务一　电气控制柜的维护

学习目标

1. 了解电梯电气控制系统的组成与基本原理。
2. 熟悉电梯电气故障类型,学会电梯常见电气故障的诊断与排除方法。
3. 能够熟读电梯控制柜电源原理图。

任务描述

电梯电气控制系统的故障相对比较复杂,通过完成诊断与排除机房电气控制柜这个学习任务,学会电梯电气控制原理图的识读,了解电梯电气控制系统的典型故障,学会电梯常见电气故障的诊断与排除方法,能按照电梯安装与验收的规范、标准完成指定的工作任务。

相关知识

一、电梯电气系统故障的常见类型及其原因

1. 电气安全回路的故障

电气安全回路,就是在电梯各安全部件都装有一个电气安全开关,把所有的电气安全开关串联,控制一只安全继电器。只有所有电气安全开关都接通的情况下,安全继电器吸合,电梯才能得电运行。当电梯处停止状态,所有信号不能登记,快车慢车均无法运行,首先怀疑是安全回路故障。该到机房控制柜观察安全继电器的状态。如果安全继电器处于释放状态,则应判断为安全回路故障。当安全回路其中的一个电气安全开关断开或者损坏,都会导致电梯停止运行。这时要逐步排查每段电气安全回路,直到找出电气安全回路的断开点。安全回路也是保障电梯维修人员安全的重要手段,如维修人员上轿顶维修作业时,首先要按下轿顶急停开关,以确保人身安全。

2. 门系统联锁回路的故障

为保证电梯必须在全部门关闭后才能运行,在每扇厅门及轿门上都装有门电气联锁开关。只有全部门电气联锁开关都接通的情况下,控制柜的门锁继电器方能吸合,电梯才能运行。在全部门关闭的状态下,到控制柜观察门锁继电器的状态,如果门锁继电器处于释放状态,则应判断为门锁回路断开。排查这种故障的方法是确保在检修状态下,在控制柜分别短接轿门锁和厅门锁,辨别出是轿门部分还是厅门部分故障。如果是轿门部分故障,则重新调整关闭好轿门;如果是厅门部分故障,则在确保检修状态下,短接厅门锁回路,以检修速度运行电梯,逐层检查每层厅门系统是否关闭良好,并确认门系统电气联锁开关接触良好。在修复门锁回路故障后,一定要先取掉门锁短接线,方能将电梯恢复到快车状态。

3. 控制柜中继电器、接触器等元件损坏引起的故障

控制柜(见图 6-1-1)中继电器或接触器的线圈受到较大电流的冲击或者电弧烧蚀时,非常容易造成线圈烧坏,这时通常导致继电器、接触器所控制的整个电气回路不能动作。另外一种情况是,继电器或接触器的线圈没有烧坏,只烧坏其中的某个电气触点,从而导致触点黏连在一起,造

成该回路短路；或者触点被尘埃阻断或触点的弹簧片失去弹性，就形成了断路。这种电气触点的烧坏，通常造成继电器或接触器该触点所控制的电气回路长期处于断开或接通状态。这种状态时很危险的，很容易造成电梯的误动作，即该断开时却接通。很多电梯事故就是出于该情况。

图 6-1-1　机房电气控制柜

4. 电磁干扰引起的故障

电磁干扰是指电磁引起的设备、传输通道或系统性能的下降。电梯控制系统中电磁干扰常见的危害性主要表现为：故障频繁，故障率偏高，且无规律。控制柜微机电子板或轿厢等通信电子板由于受到电磁干扰造成微机瞬间死机而使电梯急停。对付这种电磁干扰主要是控制柜内部的电源和通信线的走线的距离要尽可能的短，且不应和高压高频回路动力线一起敷设。柜内的通信线应使用双绞线或屏蔽线，进入微机板的进线处可适当加设磁力线套以吸收高频杂波。

旋转编码器的信号线受到干扰，使平层精度不稳定，出现垂直振动，严重时会出现滑梯。虽然一般情况下旋转编码器的信号线都有屏蔽网，但由于其信号线的敷设离电机动力线很近，变频器发出的高次谐波通过电机动力线对旋转编码器的信号线产生的干扰是非常厉害的，实践证明旋转编码器的信号线只有屏蔽网是不够的，其信号线还应敷设在金属软管或金属线管中，且这些金属管接地应良好，只有这样抗干扰才是有效的。

二、电梯电气系统故障排查的三个原则

1. “先主电路，再到辅助控制回路”的排查原则

当电梯出现故障停止运行，首先检查三相电源主电路接通控制柜，最后接通电机是否正常。如果主电路没有异常再检查各个辅助控制回路。每个辅助控制回路环节出现故障都影响到电梯的正常运行，故排查时要根据故障情况详细排查。

2. “先排查电气安全回路环节，再排查其他控制回路环节”的原则

因为电气安全回路接通是行车的基本条件，也是确保安全的基本准则，所以检修时应先排查

电气安全回路环节,再排查其他控制回路环节的原则。

3. “先行慢车,再行快车”的原则

电梯是一种特种设备,为了确保安全,电梯检修时,如要试运行,必须先试行慢车。如慢车正常,在确认安全的情况下,才可以行快车。这是电梯维修时确保安全的基本原则。

三、电梯电气系统故障的排查方法

1. 故障码排查法

目前的电梯大多数都是采用微机控制方式。故查找电梯电气故障也方便直观很多,因为只要在微机面板键盘上按键操作就能够得出电梯的故障代码。知道故障代码便可知是哪个控制环节出现故障,这样便一目了然。这时只要按照故障码排除该故障即可。

2. 计算机程序运行排查法

该方法适用于采用单片机或PLC程序控制的电梯。该方法是通过计算机与电梯上的微机接口连接,然后运行计算机上的程序。因为电梯每次运行都要经过选层、定向、关门、启动、运行、换速、平层、开门的循环过程,其中每一步称作一个工作环节,实现每一个工作环节,都有一个对应的控制程序。计算机程序运行排查法就是确认故障具体出现在哪个控制环节上,这样排除故障的方向便明确了。

3. 借助万用表排查法

通常可以采用万用表来测量电气电路上的电阻值或电压值,从而排查出电气电路的故障点。在断电情况下,用万用表电阻挡测量电路的阻值是否正常。因为任何一个电子元件都是由一个PN结构成的,它的正反向电阻值是不同的;任何一个电器元件也都有一定阻值;连接着电器元件的线路或开关,电阻值不是等于零就是无穷大。因而测量它们的电阻值大小是否符合规定要求便可以判断出好坏。在通电情况下,用万用表电压挡测量电路的电压值是否正常。如果所测量电压值不符合要求,便可判断出该电气回路存在故障,然后再判断是什么原因引起电气电路电压值变化的,是电源不正确,还是电路有断路或短路,还是元件损坏造成的。

4. 短路法

当确定电路中触点是逻辑“与”关系时,如怀疑某些触点有故障时,可以用导线把该触点短接,此时通电若故障消失,则证明判断正确,说明该电器元件损坏。例如,怀疑电梯的安全回路中某一个开关损坏,可用导线暂时短接该开关,再慢车试运行电梯。但是要牢记,当做完故障点试验后应立即拆除短接线,不允许用短接线代替开关或触点。

5. 断路法

控制电路还可能出现一些特殊故障,当没有指令时,却能够动作,这时就要采用断路法来排查故障。如电梯在没有内召或外呼指令时就停层等,这说明电路中某些触点被短接了,查找该故障的最好办法是断路法,就是把怀疑产生故障的触点断开,如果故障消失了,说明判断正确。断路法主要用于电路中逻辑“或”关系的故障点。

6. 替代法

根据上述方法,发现故障出于某电器元件或某块电路板,此时可把认为有问题的元件或电路板取下,用所备用确认无故障的元件或电路板代替,如果故障消失则认为判断正确,反之则需要继续排查。例如,当电梯出现故障,外围线路都确认无误时,有可能是控制柜电路板有问题,这时可以用同型号的电路板更换替代,如故障消失,则判断正确。这种方法通常要与经验法互相结合,当维修人员自身有丰富的维修经验时,采用替代法是最方便快捷的。

四、机房电气控制柜电源电路工作原理

机房电气控制柜电源电路如图 6-1-2 所示，由机房电源箱送来的 380V 三相交流电经主变压器隔离（降压）后产生三路电压输出，作为各控制电路的工作电源。具体分析如下：

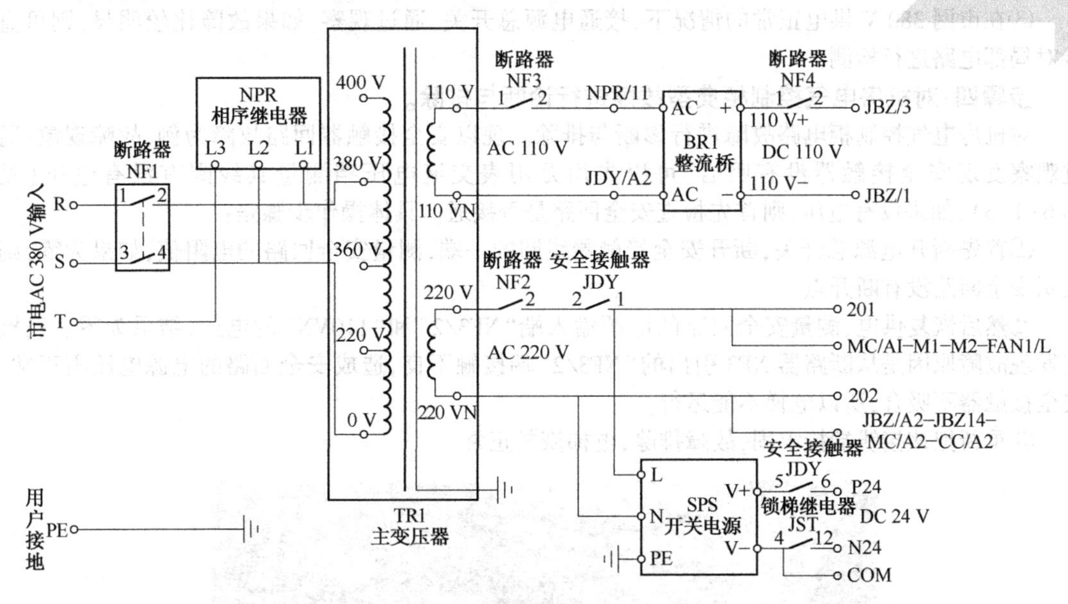

图 6-1-2　机房电气控制柜电源电路

①由机房电源箱送来的 380 V 三相交流电经断路器 NF1 控制，一路送相序继电器（另一相线 T 直接送相序继电器），一路送主变压器 380 V 输入端。经主变压器降压后，分为交流 110 V 和交流 220 V 两路输出。交流 220 V 经断路器 NF2 和安全接触器动合触点后，分别送开 关电源以及作为光幕控制器和变频门机控制器电源送出。交流 110 V 经断路器 NF3 控制后，一路作为安全接触器和门锁继电器线圈电源送出，一路送整流桥整流后输出直流 110 V 电压，作为抱闸装置电源送出。

②开关电源输出直流 24 V，经安全接触器动合触点和锁梯继电器动开触点控制，作为微机主控制板电源以及楼层显示器电源送出。

③由机房电源箱送来的 220 V 单相交流电经控制柜后作为各照明电路的电源和应急电源输入端送出。

任务实施

步骤一：实训准备。

①实训前先由指导教师进行安全与规范操作的教育。

②按要求做好相关准备工作（工具、器材、分组等）。

步骤二：检修电梯电气故障的准备工作。

①检查是否做好了电梯发生故障的警示及相关安全措施。

②向相关人员（如管理人员、乘客或司机）了解故障情况。

③按规范做好维护人员的安全保护措施。

步骤三:检查机房电气控制柜。

①在电源总开关断开的情况下,对控制柜的部件实施“看、闻、摸”的检查方法。若没有发现明显的故障部位(故障点),再进行以下操作。

②判断市网 380 V 供电是否正常,可以从各电源、电压输出端开始,用电压法测量。

③在市网 380 V 供电正常的情况下,接通电源总开关,通过观察,如果故障比较明显,则可直接对局部电路进行检测。

步骤四:对机房电气控制柜典型故障进行诊断与排除。

对机房电气控制柜电路故障进行诊断与排除。现以安全接触器回路故障为例,故障现象:通过观察发现安全接触器没有吸合,可以先用万用表交流电压挡测量其线圈有没有电压(见图 6-1-3),如果没有电压,则首先检查安全回路是否接通。具体操作步骤是:

①首先断开电源总开关,断开安全接触器线圈的一端,测量安全回路的电阻值,如果为零,则表明安全回路没有断开点。

②然后恢复供电,测量安全回路的电源输入端“NF3/2”和“110VN”的电压,结果为零。经检查发现故障原因是从断路器 NF3 引出的“NF3/2”端接触不良,造成安全回路的电源电压不正常,安全接触器不吸合,所以电梯不能运行。

③重新把该接线端接牢固,故障排除,电梯恢复正常。

图 6-1-3 测量安全接触器的线圈电压

步骤五:填写维保记录单。

检修工作完成后,维保人员需填写维保记录单,经本人签名并经用户签名确认后方可结束检修工作。电梯维保记录单的格式可参照表 6-1-1。

表 6-1-1 电梯维保记录单

用户地址:________电梯编号:________ 维保时间:____年____月____日____时

序 号	故 障 现 象	维 保 记 录
故障 1		故障原因: 故障部位: 检查方法: 排除方法:

续表

序　号	故障现象	维保记录
故障 2		故障原因： 故障部位： 检查方法： 排除方法：
故障 3		故障原因： 故障部位： 检查方法： 排除方法：
故障 4		故障原因： 故障部位： 检查方法： 排除方法：
故障 5		故障原因： 故障部位： 检查方法： 排除方法：

维保人员签名：________　　用户签名：________

任务评价

（一）自我评价（40 分）

学生根据学习任务完成情况进行自我评价，见表 6-1-2。

表 6-1-2　自我评价表

项目内容	配　分	评分标准	扣　分	得　分
1. 安全意识	10	1. 不按要求穿着工作服、戴安全帽、穿防滑电工鞋（扣 1~3 分） 2. 不按要求进行带电或断电作业（扣 1~2 分） 3. 不按安全要求规范使用工具（扣 1~3 分） 4. 有其他违反安全操作规范的行为（扣 1~2 分）		
2. 断路器故障	16	1. 故障检测操作不规范（扣 4 分） 2. 故障部分判断不准确（扣 4 分） 3. 故障未排除（扣 4 分） 4. 维修记录单内容填写不正确，每项扣 1 分，共计 4 分		
3. 相序继电器故障	16	1. 故障检测操作不规范（扣 4 分） 2. 故障部分判断不准确（扣 4 分） 3. 故障未排除（扣 4 分） 4. 维修记录单内容填写不正确，每项扣 1 分，共计 4 分		
4. 整流桥故障	16	1. 故障检测操作不规范（扣 4 分） 2. 故障部分判断不准确（扣 4 分） 3. 故障未排除（扣 4 分） 4. 维修记录单内容填写不正确，每项扣 1 分，共计 4 分		

续表

项 目 内 容	配 分	评 分 标 准	扣 分	得 分
5. 开关电源故障	16	1. 故障检测操作不规范(扣4分) 2. 故障部分判断不准确(扣4分) 3. 故障未排除(扣4分) 4. 维修记录单内容填写不正确,每项扣1分,共计4分		
6. 变压器故障	16	1. 故障检测操作不规范(扣4分) 2. 故障部分判断不准确(扣4分) 3. 故障未排除(扣4分) 4. 维修记录单内容填写不正确,每项扣1分,共计4分		
7. 职业规范和环境保护	10	1. 在工作过程中工具和器材摆放凌乱(扣3分) 2. 不爱护设备、工具、不节省材料(扣3分) 3. 在工作完成后不清理现场,在工作中产生的废弃物不按规定处置(扣4分)		
自我评分=(1~7项总分)×40%				

签名________ ________年________月________日

(二)小组评价(30分)

同一实训小组同学进行互评,见表6-1-3。

表6-1-3 小组评价表

项 目 内 容	配 分	评 分
实训记录与自我评价情况	30	
相互帮助与协作能力	30	
安全、质量意识与责任心	40	
小组评分=(1~3项总分)×30%		

参评人员签名________ ________年________月________日

(三)教师评价(30分)

指导教师结合自评与互评的结果进行综合评价,见表6-1-4。

表6-1-4 综合评价表

教师总体评价意见:	
教师评分(30分)	
总评分=自我评分+小组评分+教师评分	

教师签名________ ________年________月________日

任务二　呼梯与楼层显示系统的维护

学习目标

1. 了解电梯电气控制楼层显示系统的组成与基本原理。
2. 熟悉电梯电气楼层显示系统故障类型，学会电梯常见电气故障的诊断与排除方法。
3. 能够熟读电梯楼层显示系统电气控制原理图。

任务描述

电梯某特定楼层内选层信号不能登记，其他楼层正常，造成不能停靠在此特定楼层故障。通过完成呼梯与楼层显示系统的维护这个任务，学会电梯常见电气故障的诊断与排除方法，能按照电梯安装与验收的规范、标准进行检修和维护。

相关知识

一、电梯呼梯与楼层显示系统

1. 外召唤与楼层显示系统

电梯外召唤与楼层显示系统包括基站的外召唤箱和楼层的外召唤箱，如图 6-2-1 所示。外呼系统电路如图 6-2-2 所示。

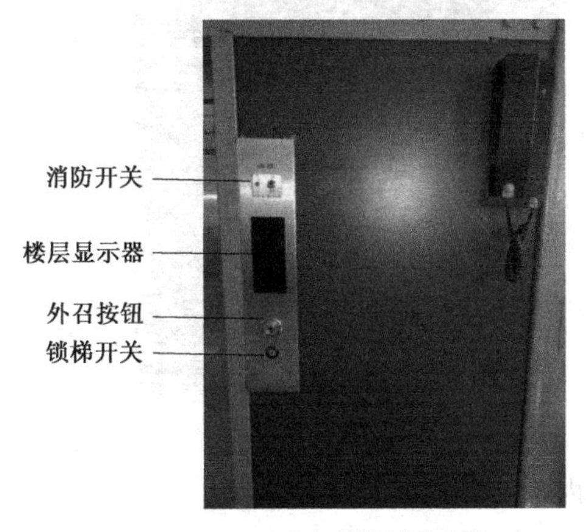

（a）基站外召唤箱

（b）楼层外召唤箱

图 6-2-1　电梯外召唤箱

2. 轿厢内呼梯系统

内操纵箱（见图 6-2-3），操作面板上有开关门按钮、选层按钮，报警按钮和五方通话按钮及楼层显示器。当乘客按下选层按钮，选层按钮内置的发光二极管点亮，同时选层信号通过线路传送到微机主控制器，若电梯不在该层，选层信号被登记，选层按钮指示灯被微机主控制器发出的信号点亮。内呼系统电路图如图 6-2-4 所示。

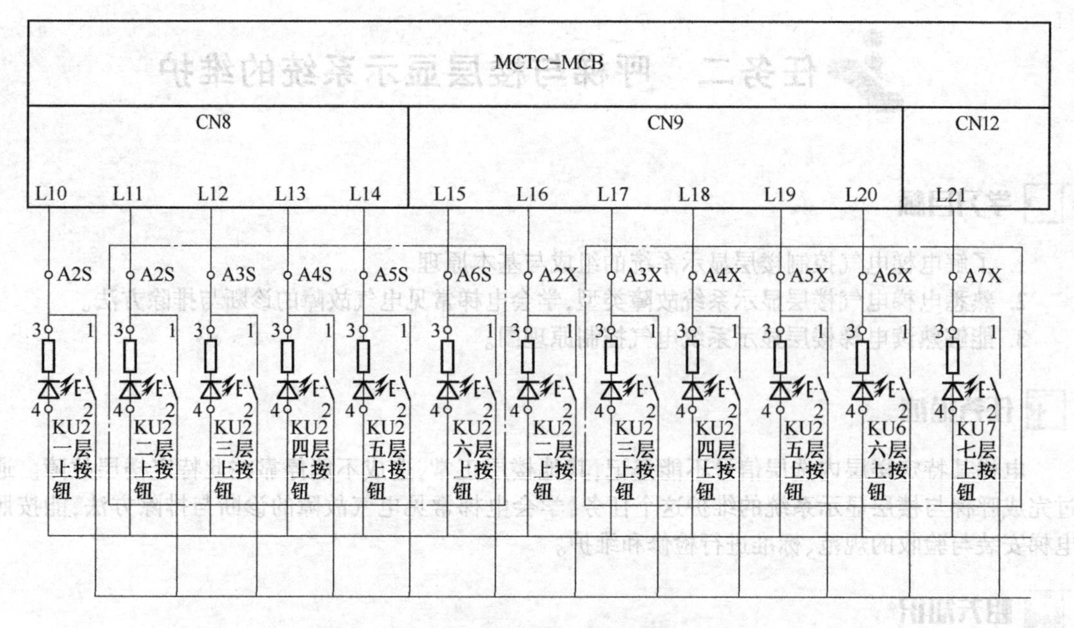

图 6-2-2　外呼系统电路图

（a）轿内操纵箱

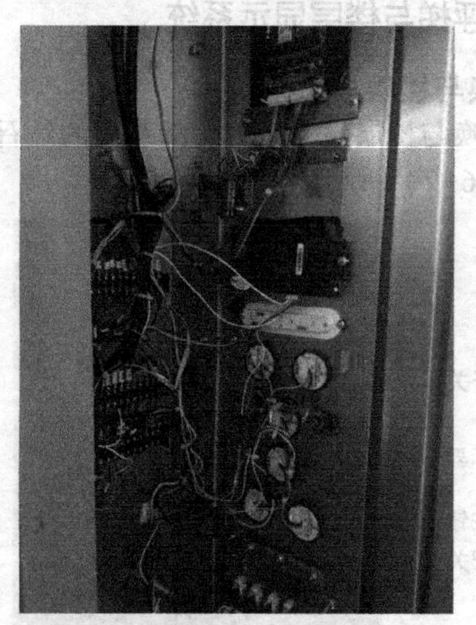

（b）轿内操纵箱后面板

图 6-2-3　轿内操纵箱结构

二、电梯呼梯与楼层显示方式与功能

1. 轿内操纵箱

轿内操纵箱是操纵电梯运行的控制中心，通常安装在电梯轿厢靠门的轿壁上，外面仅露出操纵盘面，盘面上装有根据电梯运行功能设置的按钮和开关，按钮的操作形式、操纵盘的结构形式与电梯的控制方式、层站数有关。

(1)运行方式开关

电梯的主要运行方式有自动(无司机)运行方式、手动(有司机)操纵运行方式、检修运行方式以及消防运行方式。操纵盘上(或操纵盘内)装有用于选择控制电梯运行方式的开关(或钥匙开关),可分别选择自动运行方式、手动操纵运行方式、检修运行方式。

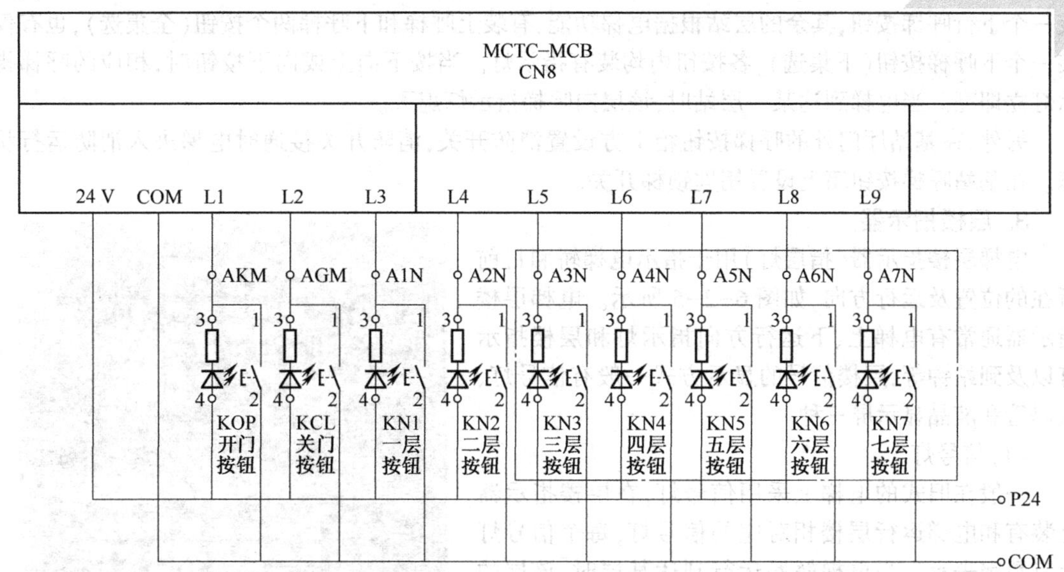

图 6-2-4　内呼系统电路图

(2)选层按钮及指示

操纵盘上装有与电梯停站层数相对应的选层按钮,通常按钮内装有指示灯。当按下欲去层楼的按钮后,该指令被登记,相应的指示灯亮;当电梯到达所选的层楼时,相应的指令被消除,指示灯也就熄灭;未停靠在预选层楼时,选层按钮内的指示灯仍然亮,直到完成指令之后方熄灭。

(3)开门与关门按钮

开、关门按钮的作用是控制电梯轿门的开启和关闭。

(4)方向指示灯

方向指示灯显示电梯目前的运行方向或选层定向后电梯将要起动运行的方向。

(5)警铃按钮

当电梯在运行中突然发生故障停车,而电梯司机或乘客又无法从轿厢中出来时,可以按下该按钮,通知维修人员及时援救轿厢内的电梯司机及乘客。

(6)多方通话装置

在电梯中装有通话装置,以便在需要时(如检修状态或紧急情况下),轿厢内人员可通过通话装置与外部联系。所谓“三方通话”,即轿内人员与机房人员、值班人员相互通话;所谓“五方通话”即轿内人员与机房人员、轿厢顶、井道底坑、值班人员相互通话。

(7)风扇开关

风扇开关控制轿厢通风设备的开关。

(8)照明开关

照明开关用于控制轿厢内的照明设施。其电源不受电梯动力电源的控制,当电梯故障或检修停电时,轿厢内仍有正常照明。

(9)停止开关

当出现紧急状态时按下停止开关,电梯立即停止运行。

2. 呼梯按钮箱

呼梯按钮箱是提供给厅外乘客召唤电梯的装置。在下端站只装一个上行呼梯按钮,上端站只装一个下行呼梯按钮,其余的层站根据电梯功能,有装上呼梯和下呼梯两个按钮(全集选),也有仅装一个下呼梯按钮(下集选),各按钮内均装有指示灯。当按下向上或向下按钮时,相应的呼梯指示灯立即亮。当电梯到达某一层站时,该层向呼梯指示灯熄灭。

另外,在基站厅门外的呼梯按钮箱上方设置消防开关,消防开关接通时电梯进入消防运行状态。在基站呼梯按钮箱上设置钥匙锁梯开关。

3. 层楼指示器

电梯层楼指示器(指层灯)用于指示电梯轿厢目前所在的位置及运行方向,如图 6-2-5 所示。电梯层楼指示器通常有电梯上、下运行方向指示灯和层楼指示灯以及到站钟等,层楼信号的显示方式一般有信号灯、数码管和液晶显示屏三种。

图 6-2-5 层楼指示器

(1)信号灯

一般在旧式的电梯上采用信号灯,在层楼指示器上装有和电梯运行层楼相对应的信号灯,每个信号灯上有数字表示。当电梯轿厢运行到达某层时,该层的层楼指示灯亮,离开该层后对应的灯灭。此外,有的还有上、下行指示灯,通常采用"↑"表示上行,"↓"表示下行。

(2)数码管

数码管层楼指示器一般在微机或 PLC 控制的电梯上使用,楼层指示器上有译码器和驱动电路,显示轿厢到达层楼位置。

一般群控电梯除首层(基站)厅门装有数码管的层楼指示器外,其他层楼厅门只装有上、下方向指示灯和到站钟。

此外,有的电梯还配有语音,提示电梯的运行方向和到达楼层。

(3)液晶显示屏

较新的电梯上采用液晶显示屏,除显示层楼与运行方向信号外,还可有其他的信息显示(如广告)。

任务实施

步骤一:电梯呼梯与楼层显示系统的电气故障诊断与排除的前期工作。

①检查是否设置了电梯发生故障的警示及相关安全措施。

②向相关人员(如管理人员、乘客或司机)了解故障情况。

③按规程做好维修人员的安全保护措施。

④查对故障代码。

⑤现场检查按钮及面板是否有损伤,方向指示显示器、楼层显示器是否正确显示。

步骤二:对电梯呼梯与楼层显示系统的电气故障进行诊断与排除。

1. 电梯不响应外召唤信号

①故障现象:按下一楼外呼梯按钮,按钮内置指示灯不亮。故障原因:可能是呼梯按钮的触点或接线接触不良, DC 24 V 电源异常。

②外呼梯按钮结构(见图 6-2-6),用万用表测量“2”与“4”端的电压值,如为 DC 24 V:正常。由此可初步判断故障原因为触点接触不良。

③用螺钉旋具松开按钮的后盖,对触点进行修复,故障排除。

④按标准检查电梯呼梯与楼层显示系统的各项功能均正常。填写维修记录单,维修任务完成。

图 6-2-6　外呼梯按钮结构示意图

2. 乘客内呼梯选层不能正常应答

①故障现象:乘客在一楼,厅门和轿门关好后,按下二楼选层按钮,按钮内置指示灯亮,但电梯不运行。故障原因:可能是选层信号未能传输到微机主控制板。

②检测选层信号传输是否异常,需两人配合操作:一人在轿厢内按下二楼选层按钮,另一人在机房测量微机主控制板的输入信号。由内呼系统电路原理图,二楼选层信号通过主控制板的“L4”端输入。用万用表直流电压挡测量该端电位,如果不是零电位,说明信号传输异常。经检查,故障原因为传输信号线断开。用备用线更换后,故障排除。图 6-2-7 所示为检测选层信号输入端示意图。

③按标准检查电梯呼梯与楼层显示系统的各项功能均正常。填写维修记录单,维修任务完成。

图 6-2-7　检测选层信号输入端示意图

3. 二楼楼层显示器下行指示没有显示

①检测楼层显示器故障,找到故障点为信号输入端接触不良。

②将该信号输入端重新接牢固,故障排除。

③按标准检查电梯呼梯与楼层显示系统的各项功能均正常,维修任务完成。

步骤三:填写维保记录单。

检修工作完成后,维保人员需填写维修记录单,经本人签名并经用户签名确认后方可结束检修工作。电梯维保记录单的格式可参照表6-2-1。

表6-2-1 电梯维保记录单

用户地址:________ 电梯编号:________ 维保时间:____年____月____日____时

序 号	故 障 现 象	维 保 记 录
故障1		故障原因: 故障部位: 检查方法: 排除方法:
故障2		故障原因: 故障部位: 检查方法: 排除方法:
故障3		故障原因: 故障部位: 检查方法: 排除方法:

维保人员签名:________ 用户签名:________

任务评价

(一)自我评价(40分)

学生根据学习任务完成情况进行自我评价,见表6-2-2。

表6-2-2 自我评价表

项 目 内 容	配 分	评 分 标 准	扣 分	得 分
1. 安全意识	10	1. 不按要求穿着工作服、戴安全帽、穿防滑电工鞋(扣1~3分) 2. 不按要求进行带电或断电作业(扣1~2分) 3. 不按安全要求规范使用工具(扣1~3分) 4. 有其他违反安全操作规范的行为(扣1~2分)		
2. 内选、外呼操纵箱上各开关检修	25	1. 故障检测操作不规范(扣5分) 2. 故障部分判断不准确(扣5分) 3. 故障未排除(扣7分) 4. 维修记录单内容填写不正确,每项扣2分,共计8分		
3. 楼层显示器检修	25	1. 故障检测操作不规范(扣5分) 2. 故障部分判断不准确(扣5分) 3. 故障未排除(扣7分) 4. 维修记录单内容填写不正确,每项扣2分,共计8分		

续表

项　目　内　容	配　分	评　分　标　准	扣　分	得　分
4. 通信线缆故障检修	30	1. 故障检测操作不规范(扣 6 分) 2. 故障部分判断不准确(扣 6 分) 3. 故障未排除(扣 10 分) 4. 维修记录单内容填写不正确,每项扣 2 分,共计 8 分		
5. 职业规范和环境保护	10	1. 在工作过程中工具和器材摆放凌乱(扣 1~3 分) 2. 不爱护设备、工具,不节省材料(扣 1~3 分) 3. 在工作完成后不清理现场,在工作中产生的废弃物不按规定处置(扣 4 分)		
自我评分=(1~5 项总分)×40%				

签名________　________年________月________日

(二)小组评价(30 分)

同一实训小组同学进行互评,见表 6-2-3。

表 6-2-3　小组评价表

项　目　内　容	配　分	评　分
实训记录与自我评价情况	30	
相互帮助与协作能力	30	
安全、质量意识与责任心	40	
小组评分=(1~3 项总分)×30%		

参评人员签名________　________年________月________日

(三)教师评价(30 分)

指导教师结合自评与互评的结果进行综合评价,见表 6-2-4。

表 6-2-4　综合评价表

教师总体评价意见:	
教师评分(30 分)	
总评分=自我评分+小组评分+教师评分	

教师签名________　________年________月________日

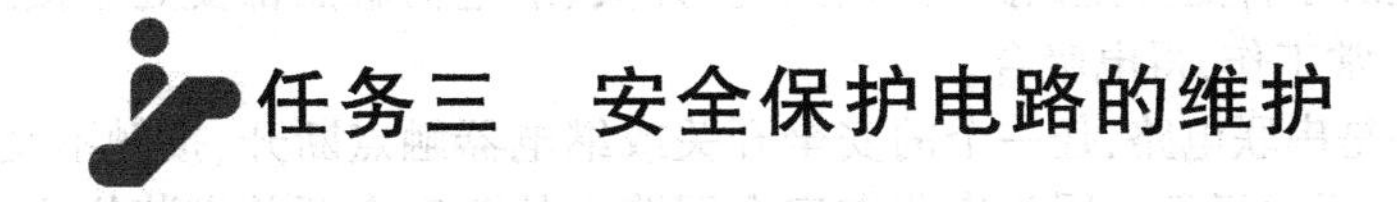

任务三　安全保护电路的维护

学习目标

1. 了解电梯安全保护电路的组成与基本原理。

2. 熟悉电梯安全保护故障类型,学会电梯常见电气故障的诊断与排除方法。

3. 能够熟读安全保护原理图。

任务描述

安全保护电路工作不正常时,电梯会无法正常运行,通过完成电梯安全保护电路维护这个任务,学会识读电梯安全保护电路原理图,学会安全保护电路常见故障的诊断与排除方法。

相关知识

1. 安全保护电路的作用

电梯安全保护电路的作用是:电梯在使用过程中,因某些部件质量问题、保养维修欠佳、使用不当,电梯在运行中可能会出现一些不安全因素,或者维修时要在相应的位置上对维修人员采取一些确保安全的措施,从而设置该电路。当该电路工作不正常时,安全接触器 JDY 便不能吸合,电梯无法正常运行。

2. 电路的组成与工作原理

安全保护电路(见图 6-3-1)将各电器的触点串联在安全接触器 JDY 的线圈回路中,若任一电器的触点因故障(或在维修时人为)断开, JDY 线圈断电,从而切断 SPS 开关电源、主控制微机板、变频器等的 DC 24V 供电电源,起到保护作用。

电梯安全保护电路(见图 6-3-2)由断路器(NF3/2)、相序继电器(NPR)、控制柜急停开关(EST1)、限速器开关(GOV)、盘车轮开关(PWS)、上极限开关(DTT)、下极限开关 (OTB)、底坑上急停开关(EST2A)、底坑下急停开关(EST2B)、缓冲器开关(BUES)、张紧轮开关(GOV1)、轿顶急停开关(EST3)、安全钳开关(SFD)、轿内急停开关(EST4)、安全接触器(JDY)等组成。图 6-3-2 所示为安全保护电路各开关。

任务实施

步骤一:安全保护电路故障诊断与排除的前期工作。

①检查是否做好了电梯发生故障的警示及相关安全措施。

②向相关人员(如管理人员、乘客或司机)了解故障情况。

③查看外部供电是否正常。

④检查安全接触器动作是否正常。

⑤按规范做好维修保养人员的安全保护措施。

步骤二:对电梯安全保护电路的故障进行判断与排除。

电梯运行的先决条件是安全回路的所有安全开关、继电器触点都要处于接通或正常状态下,安全接触器 JDY 正常工作,得电吸合。

由于安全回路是串联电路,任一个的安全开关或继电器触点断开、接触不良都会造成安全回路不能工作,使电梯无法运行。因为串联在安全回路上的各安全开关安装位置比较分散,要尽快找出故障所在点比较困难,较好的方法是采用电位法结合短接法查找故障点。

电位法结合短接法查找安全回路故障的步骤如下:

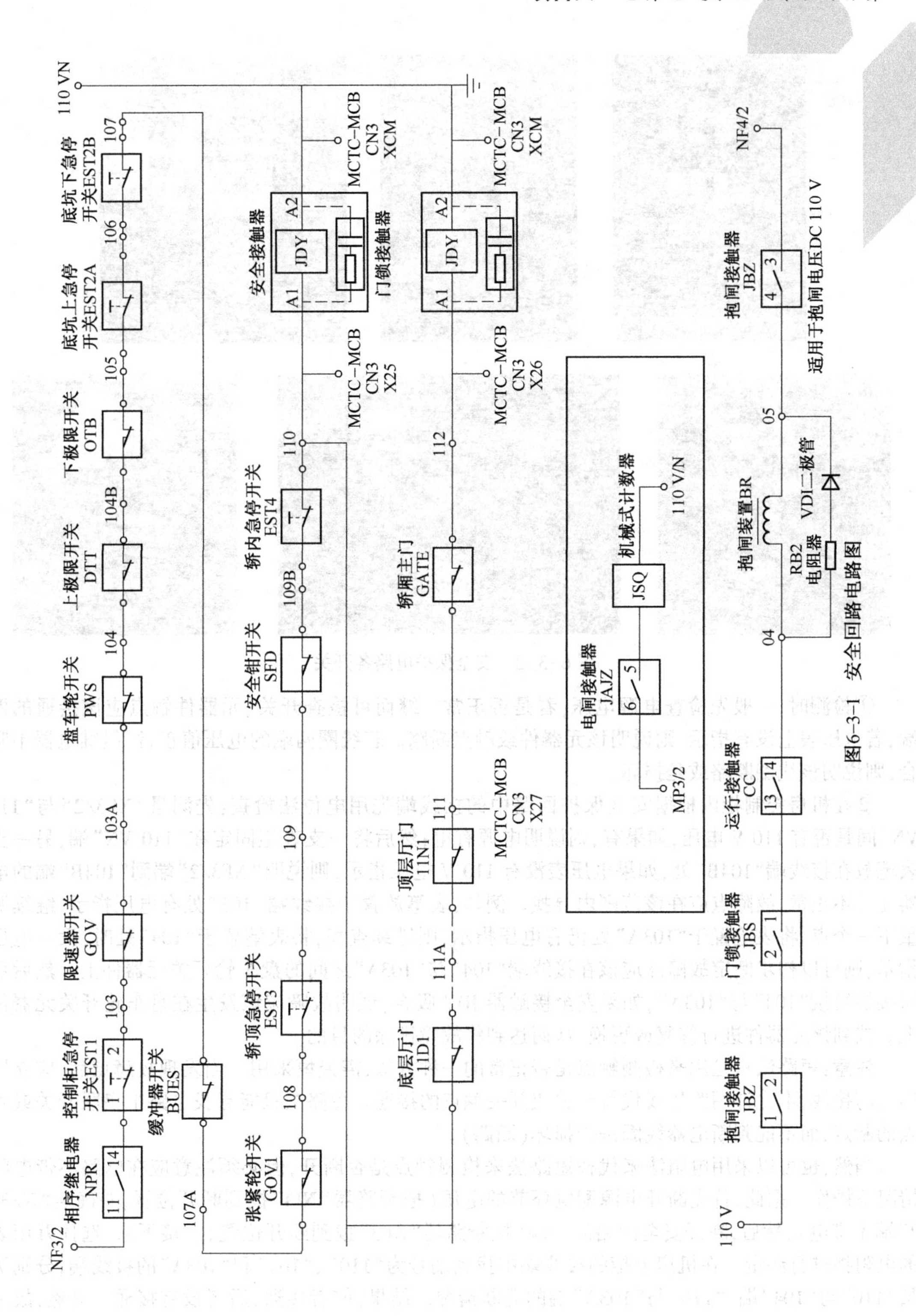

图6-3-1　安全回路电路图

图 6-3-2 安全保护电路各开关

①检测时,一般先检查电源电压,看是否正常。继而可检查开关、元器件触点应该接通的两端,若电压表上没有指示,则说明该元器件或触点断路。若线圈两端的电压值正常,但继电器不吸合,则说明该线圈断路或是损坏。

②在机房控制柜内根据安全保护回路中的接线端先用电位法检查:先测量"NF3/2"与"110 VN"间是否有 110 V 电压,如果有,则说明电源有电;然后将一支表笔固定在"110 VN"端,另一支表笔放在接线端"104B"处,如果电压表没有 110 V 电压指示,则说明"NF3/2"端到"104B"端的电器元件不正常,故障点应在该范围内寻找。例如,表笔放置于接线端"103"处有电压指示,继续测量下一个点,将表笔置于"103A"处仍有电压指示,则继续查找,将表笔置于"104"处时,没有电压指示,则可以初步断定故障点应该在接线端"104"与"103A"之间的盘车轮开关元器件上。然后用跨接线短接"104"与"103A",如果安全接触器 JDY 吸合,证明故障应该发生在盘车轮开关元器件上。找到该元器件进行修复或更换,从而达到将故障排除的目的。

注意:短路法只是用来检测触点是否正常的一种方法,需谨慎采用。当发现故障点后,应立即拆除跨接线,不允许用跨接线代替开关或开关触点的接通。短路法只能寻找电路中串联开关或触点的断点,而不能判断电器线圈是否损坏(断路)。

当然,也可以采用电阻法来代替短路法来检测触点是否断开,但必须注意应在电路不带电的情况下操作。据此,首先断开电源配电环节的电源(把断路器"NF1"拨到断开位置,并确定"NF3/2"端不带电),然后,断开安全回路的一端(把断路器"NF3"拨到断开位置)。接下来,选择万用表的电阻挡进行测量。在机房电柜的接线端中找到编号为"110"、"104"和"103A"的接线端,分别测量"110"与"104"端,"110"与"103A"端的通断情况。结果:前者接通,后者没有接通。显然,故障断点是在盘车手轮开关元器件上。

用万用表测量盘车轮开关两端，发现没有接通。经检查，盘车轮开关有一端的接线松脱，重新接牢固后，故障排除。

步骤三：填写维保记录单。

检修工作完成后，维保人员需填写维修记录单，经本人签名并经用户签名确认后方可结束检修工作。电梯维保记录单的格式可参照表6-3-1。

表6-3-1　电梯维保记录单

用户地址：________　电梯编号：________　维保时间：____年____月____日____时

序号	故障现象	维保记录
故障1		故障原因： 故障部位： 检查方法： 排除方法：
故障2		故障原因： 故障部位： 检查方法： 排除方法：
故障3		故障原因： 故障部位： 检查方法： 排除方法：

维保人员签名：________　用户签名：________

任务评价

（一）自我评价（40分）

学生根据学习任务完成情况进行自我评价，见表6-3-2。

表6-3-2　自我评价表

项目内容	配分	评分标准	扣分	得分
1. 安全意识	12	1. 不按要求穿着工作服、戴安全帽、穿防滑电工鞋（扣1~3分） 2. 不按要求进行带电或断电作业（扣1~2分） 3. 不按安全要求规范使用工具（扣1~3分） 4. 有其他违反安全操作规范的行为（扣1~2分）		
2. 安全保护回路元器件检修（NF3/2-110）	26	1. 故障检测操作不规范（扣5分） 2. 故障部分判断不准确（扣5分） 3. 故障未排除（扣8分） 4. 维修记录单内容填写不正确，每项扣2分，共计8分		
3. 安全保护回路元器件2检修（110-JDY）	26	1. 故障检测操作不规范（扣5分） 2. 故障部分判断不准确（扣5分） 3. 故障未排除（扣8分） 4. 维修记录单内容填写不正确，每项扣2分，共计8分		

续表

项 目 内 容	配 分	评 分 标 准	扣 分	得 分
4. 安全保护回路元器件3检修(110 V/NF4/2)	26	1. 故障检测操作不规范(扣5分) 2. 故障部分判断不准确(扣5分) 3. 故障未排除(扣8分) 4. 维修记录单内容填写不正确,每项扣2分,共计8分		
5. 职业规范和环境保护	10	1. 在工作过程中工具和器材摆放凌乱(扣1~3分) 2. 不爱护设备、工具,不节省材料(扣1~3分) 3. 在工作完成后不清理现场,在工作中产生的废弃物不按规定处置(扣4分)		
自我评分=(1~5项总分)×40%				

签名________ 年________月________日

(二)小组评价(30分)

同一实训小组同学进行互评,见表6-3-3。

表6-3-3 小组评价表

项 目 内 容	配 分	评 分
实训记录与自我评价情况	30	
相互帮助与协作能力	30	
安全、质量意识与责任心	40	
小组评分=(1~3项总分)×30%		

参评人员签名________ ________年________月________日

(三)教师评价(30分)

指导教师结合自评与互评的结果进行综合评价,见表6-3-4。

表6-3-4 综合评价表

教师总体评价意见:	
教师评分(30分)	
总评分=自我评分+小组评分+教师评分	

教师签名________ ________年________月________日

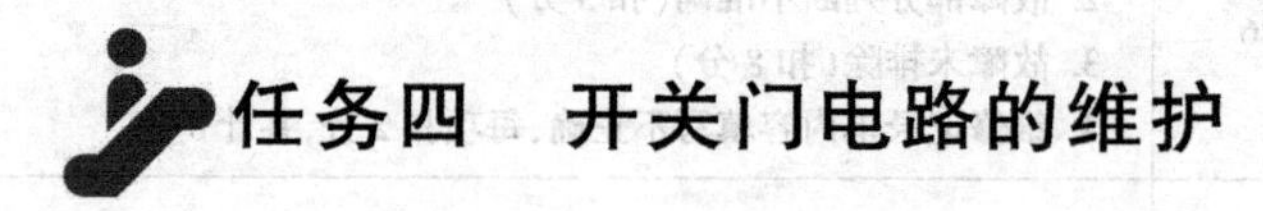

任务四 开关门电路的维护

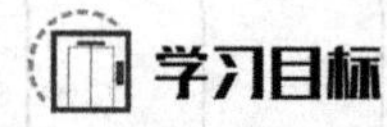

学习目标

1. 了解电梯开关门电路的组成与基本原理。

2. 熟悉电梯开关门电路故障类型,学会常见电气故障的诊断与排除方法。

3. 能够熟读电梯开关门电路原理图。

任务描述

装有自动门的电梯,门系统经常会产生各种故障,影响电梯的正常运行,通过完成开关门电路的维护这个任务,学会处理电梯开关门电路常见电气故障的诊断与排除方法。

相关知识

电梯的自动开关门系统由开关门控制系统、开关门电动机(简称门机)和开关门按钮、开关门位置检测开关和保护光幕等组成,如图6-4-1所示。该开关门采用变频门机作为驱动自动门机构的原动力,由门机专用变频控制器VVVF控制门机的正反转、减速和力矩保持等功能。门机变频控制器与电梯主控制系统相连,根据内部微机程序,适时给出开关门信号,实现门机逻辑控制。在开关门过程中,变频门机借助于专用位置编码器,实现自动平稳调速。由于涉及所承载的人与物的安全,电梯的轿门和厅门是不能随意开关的,因此,电梯内呼系统的开关门按钮只是起向微机主控制器发出申请信号的作用。微机主控制器根据电梯的工作状态和当前运行情况最终决定是否开门或关门,并发出指令给开关门控制器。

图6-4-1　门机系统

1. 电梯的开关门的工作方式

根据电梯的工作状态和当前运行情况,电梯的开关门有以下几种方式:

(1)自动开门

当电梯进入低速平层区停站之后,电梯微机主板发出开门指令,门机接收到此信号时则自动开门,当门开足到位时,开门限位开关信号断开,电梯微机主板得到此信号后停止开门指令信号的输送,开门过程结束。

(2)立即开门

如在关门过程中或关门后电梯尚未起动时，需要立即开门，此时可按轿厢内操纵箱的开门按钮，电梯微机主板接收到该信号时，立即停止输送关门信号指令，发出开门指令，使门机立即停止关门并立即开门。

(3)厅外本层开门

在自动状态时，当在自动关门时或关门后电梯未起动的情况下，按下本层厅外的召唤按钮，电梯微机主板收到该信号后，即发出指令使门机立即停止关门并立即开门。

(4)安全触板或光幕保护开门

在关门过程中，安全触板或门光幕被人为障碍遮挡时，电梯微机主板收到该信号后，立即停止输送关门信号指令，发出开门信号指令，使门机立即停止关门并立即开门。

(5)自动关门

在自动状态时，停车平层后门开启约6 s后，在电梯微机主板内部逻辑器件的定时控制下，自动输出关门信号，使门机自动关门，门完全关闭后，关门限位开关信号断开，电梯微机主板得到此信号后停止关门指令信号的输送，关门过程结束。

(6)提早关门

在自动状态时，电梯开门结束后一般等6 s后再自动关门，但此时只要按下轿内操纵箱的关门按钮，则电梯微机主板收到该信号后，立即输送关门信号指令，使电梯立即关门。

(7)司机状态的关门

在司机状态时，不再延时6 s自动关门，而必须要有轿厢内操纵人员持续按下关门按钮才可以关门并到位。

(8)检修时的开关门

在检修状态时，开关门只能由检修人员操作开、关门按钮来进行开关门操作。如处在门开启时，检修人员操作上行或下行检修按钮，电梯门此时执行自动关门程序，门自动关闭。

2. 自动开关门系统电气故障的类型

自动开关门系统的故障有机械故障和电气故障两大类，因此故障的诊断相对较复杂。门机电路图如图6-4-2所示。电气部分常见故障的类型有：

①自动开门故障。

②立即开门故障。

③厅外本层开门故障。

④安全触板或光幕保护开门故障。

⑤自动关门故障。

⑥提早关门故障。

⑦司机状态关门故障。

⑧检修时的开关门故障。

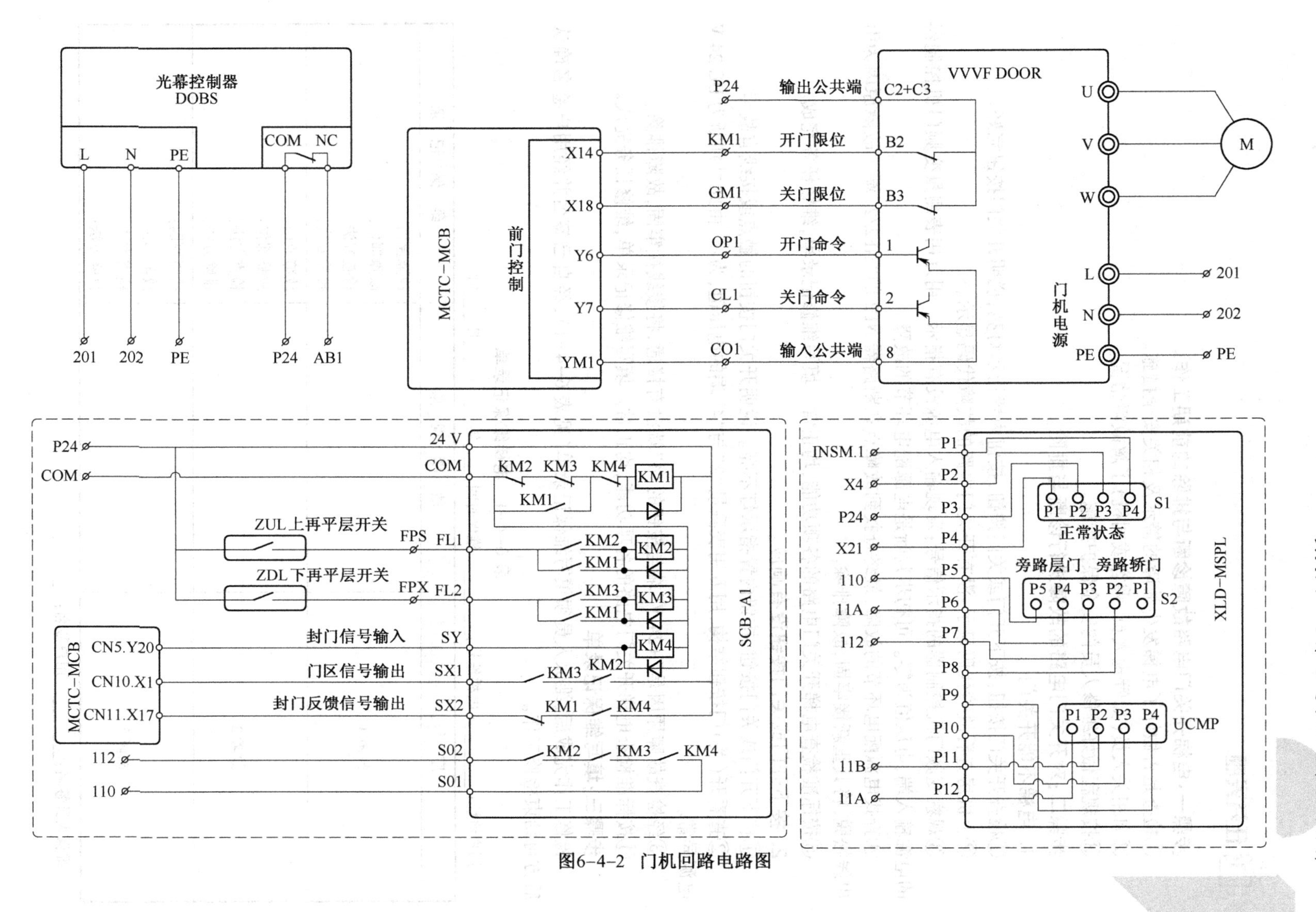

图6-4-2　门机回路电路图

任务实施

步骤一:电梯开关门电路故障诊断与排除的前期工作。

①检查是否做好了电梯发生故障的警示及相关安全措施。

②向相关人员(如管理人员、乘客或司机)了解故障情况。

③按规程做好维修人员的安全保护措施。

步骤二:对开关门电路的故障进行诊断与排除。

1. 电梯不能开关门

①检查开关门按钮:按下开门或关门按钮,按钮内置指示灯亮,说明开关门按钮完好。

②上机房查看故障代码显示:没有开关门电路的故障代码显示。

③观察变频门机控制器的指示信号:发现输入电源没有指示。用万用表测量变频门机控制器的电源输入端,电压值为零。可初步判断是电源配电环节的故障。

④查找电源配电环节的故障,最终查找到故障点在断路器 NF2 的“NF2/2”端。故障原因为引出线松脱,将其重新接牢固,故障排除。

⑤按标准检查电梯开关门电路的各项功能,均正常。填写维修记录单,维修任务完成。

2. 按下开门或关门按钮没有响应。

①按下开门或关门按钮,按钮内置指示灯不亮。说明开关门按钮的触点或接线有故障。

②查看开(关)门按钮结构,用万用表测量“2”与“4”端的电压值,为零,由此可判断为 DC 24 V 电源异常。

③经检查故障原因是“+24 V”端与按钮的“4”端没有接通,将接线接牢固,故障排除。

④按标准检查电梯开关门电路的各项功能,均正常。填写维修记录单,维修任务完成。

步骤三:填写维保记录单

检修工作完成后,维保人员须填写维保记录单(见表 6-4-1),经自己签名并经用户签名确认后方可结束检修工作。

表 6-4-1 电梯维保记录单

用户地址:______ 电梯编号:______ 维保时间:____年____月____日____时

序 号	故 障 现 象	维 保 记 录
故障 1		故障原因: 故障部位: 检查方法: 排除方法:
故障 2		故障原因: 故障部位: 检查方法: 排除方法:
故障 3		故障原因: 故障部位: 检查方法: 排除方法:

维保人员签名:______ 用户签名:______

任务评价

(一)自我评价(40分)

学生根据学习任务完成情况进行自我评价,见表6-4-2。

表6-4-2　自我评价表

项目内容	配分	评分标准	扣分	得分
1. 安全意识	10	1. 不按要求穿着工作服、戴安全帽、穿防滑电工鞋(扣1~3分) 2. 不按要求进行带电或断电作业(扣1~2分) 3. 不按安全要求规范使用工具(扣1~3分) 4. 有其他违反安全操作规范的行为(扣1~2分)		
2. 开门故障检修	40	1. 故障检测操作不规范(扣4分) 2. 故障部分判断不准确(扣10分) 3. 故障未排除(扣10分) 4. 维修记录单内容填写不正确,每项扣4分,共计16分		
3. 关门故障检修	40	1. 故障检测操作不规范(扣4分) 2. 故障部分判断不准确(扣10分) 3. 故障未排除(扣10分) 4. 维修记录单内容填写不正确,每项扣4分,共计16分		
4. 职业规范和环境保护	10	1. 在工作过程中工具和器材摆放凌乱(扣1~3分) 2. 不爱护设备、工具,不节省材料(扣1~3分) 3. 在工作完成后不清理现场,在工作中产生的废弃物不按规定处置(扣4分)		
自我评分=(1~4项总分)×40%				

签名________　________年________月________日

(二)小组评价(30分)

同一实训小组同学进行互评,见表6-4-3。

表6-4-3　小组评价表

项目内容	配分	评分
实训记录与自我评价情况	30	
相互帮助与协作能力	30	
安全、质量意识与责任心	40	
小组评分=(1~3项总分)×30%		

参评人员签名________年________月________日

(三)教师评价(30分)

指导教师结合自评与互评的结果进行综合评价,见表6-4-4。

表6-4-4　综合评价

教师总体评价意见:	
教师评分(30分)	
总评分=自我评分+小组评分+教师评分	

教师签名________　________年________月________日

思考与练习

一、填空题

1. 短路法是用于检测________是否正常的一种方法。当发现故障点后,应立即拆除跨接线,不允许用跨接线代替开关或开关触点的接通。

2. 当电梯安全保护电路出现故障时,最好的检查方法是采用________查找故障点。

3. 电梯关门过程的速度变化是________。

4. 用万用表测量接触器的线圈电阻,其阻值为无穷大,则表明线圈________。

5. 门信号电路的主要作用是发出开门或关门指令,指挥________做开门或关门动作。

二、选择题

1. 所谓"电位法",就是通过使用(　　)的电压挡检测电路某一元器件两端的电压(或电位),来确定电路(或触点)的工作情况的方法。

A. 万用表　　B. 电流表　　C. 电笔

2. 电梯电气控制系统出现故障时,应首先确定故障出于哪一个(　　),然后再确定故障出于此环节电路上的哪一个电器元件的触点上。

A. 元器件　　B. 系统　　C. 环节电路

3. 串联在安全回路上的各安全开关,安装位置比较(　　)。

A. 集中　　B. 可靠　　C. 分散

4. 使用电位法查找故障时,可以检测出触点的(　　)。

A. 好与坏　　B. 正常　　C. 通或断

5. 呼梯按钮箱是给厅外乘客提供(　　)电梯的装置。

A. 操纵　　B. 检修　　C. 召唤

6. 消防开关接通时电梯进入(　　)运行状态。

A. 消防　　B. 正常　　C. 自动

7. 在下端站只装一个(　　)呼梯按钮。

A. 上行　　B. 下行　　C. 停止

8. 轿内操纵箱是(　　)电梯运行的控制中心。

A. 停用　　B. 启用　　C. 操纵

9. 短路法主要用来检测电路的(　　)。

A. 电压　　B. 电流　　C. 断点

10. 安装在轿门上的(　　)与安装在厅门上的自动门锁啮合。

A. 门刀　　B. 门锁　　C. 门刀或系合装置

11. 关门按钮接点接触不良或损坏,可用(　　)确定是否关门按钮问题。

A. 电压法　　B. 电位法　　C. 短路法

12. 厅门未关,电梯却能运行的原因可能是(　　)继电器触点黏死。

A. 运行　　B. 电压　　C. 门联锁

13. 闭合基站钥匙开关,基站门不能开启,其原因可能是(　　)电路熔丝熔断。

A. 安全　　B. 控制　　C. 门锁

14. 按下关门按钮后,门不关闭,其原因可能是开关门电动机传动带(　　)。

A. 过松　　B. 过紧　　C. 过长

15. 选好层定了向并已关闭厅门、轿门，电梯仍不能运行，其原因可能是厅门自动门锁（　　）。

A. 断开　　B. 接通　　C. 调好

三、判断题

1. 断路型故障就是应该接通工作的电器元件接通。（　　）

2. 程序检查法，就是维修人员模拟电梯的操作程序，观察各环节电路的信号输入和输出是否正常的一种检查方法。（　　）

3. 数码管层楼指示器，一般在继电器控制的电梯上使用。（　　）

4. 安全保护电路是并联电路。（　　）

5. 相序继电器安装在轿厢内。（　　）

6. 安全钳开关安装在机房控制柜内。（　　）

7. 开关门电动机安装于轿厢顶上。（　　）

8. 电梯开门过程的速度变化为：慢→快→更快→平稳→停止。（　　）

9. 电气设备的某些故障，虽然对设备本身影响不大，但不能满足使用要求，这种故障称为使用故障。（　　）

项目七
电梯门系统的维护与保养

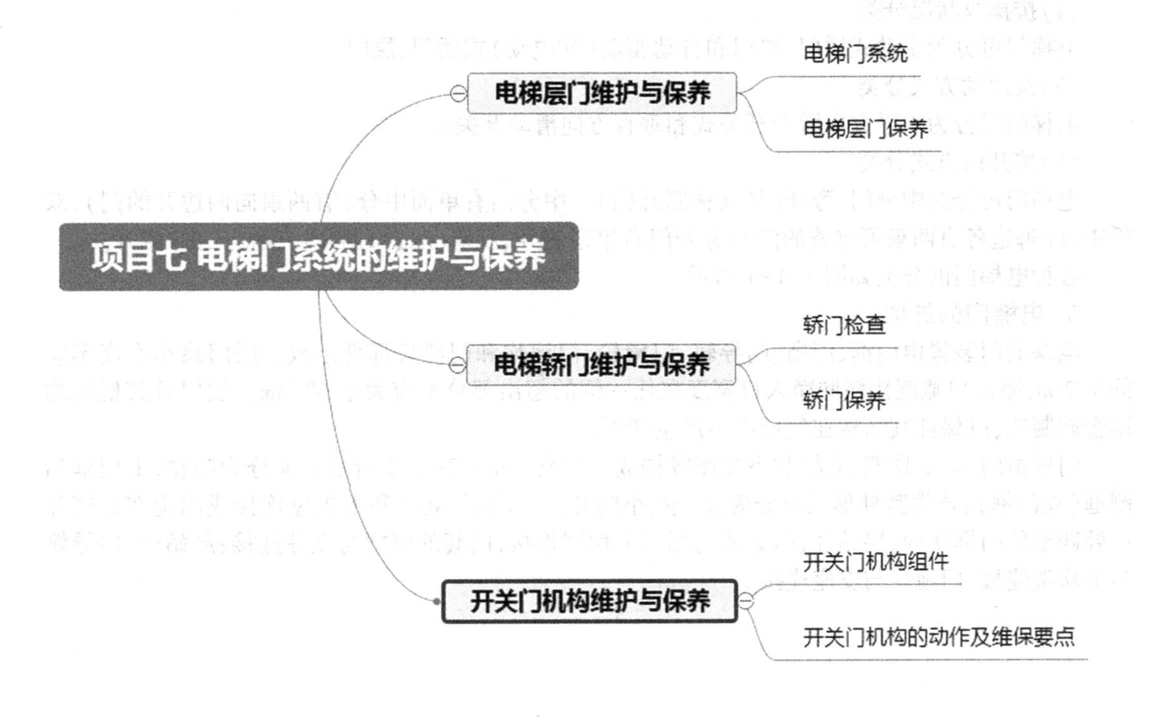

任务一　电梯层门维护与保养

学习目标

1. 掌握电梯层门机械系统的组成、构造和基本工作原理。
2. 熟悉电梯层门机械系统各部件的安装位置和动作过程。
3. 熟悉电梯层门机械故障的类型，学会电梯层门各部件的维护与保养的方法。

任务描述

电梯的层门机构是电梯工作中运行最为频繁的系统。它不但直接体现电梯的外观品质，同时直接关系到电梯能否安全可靠运行。层门系统的故障率在电梯的总故障率中占很高比例，认真检查、保养层门系统是电梯正常运行使用的重要保障。

通过本任务主要学习电梯层门系统的维护保养。掌握电梯层门常见机械故障的诊断与排除方法。

相关知识

一、电梯门系统

1. 电梯门系统组成

电梯门分为层门和轿门。电梯运行时，电梯轿厢离开层站，层门封闭井道入口，轿门封闭轿厢入口，以保证乘客的安全。

2. 电梯门分类

(1)按操纵状况分类

电梯门可分为手动式轿门、层门和自动驱动(如电动)式轿门、层门。

(2)按运动方式分类

电梯门可分为水平方向滑动开关式和垂直方向滑动开关式。

(3)按开门方式分类

电梯门可分为中分门、旁开门(又称侧开门)。中分门有单面中分(有两扇向两边开的门)、双折中分(每边各有两扇可重叠的门)；旁开门有单扇侧开、双扇(双折)侧开、三扇(三折)侧开。

各种电梯门的分类如图 7-1-1 所示。

3. 电梯门的结构

电梯的门装置由门框、门扇、门导轨、门滑轮、门地坎和门滑块部件组成。层门最小净高不应低于 2 m，净入口宽度比轿厢净入口宽度在任一侧的超出部分不应大于 50 mm。层门及其框架均用金属制造，以保证其结构在使用中不产生变形。

门框由门套、上坎架、立柱和下支座等构成。门套，如图 7-1-2 所示。又分为门楣、上门框和侧框(立门框)；依据其外形又可分为大、中、小门套。上坎架、立柱和下支座连接成固定在井道开口处四壁的门框架构；层站外，门套的门楣与上坎架连接，门套的侧框与立柱连接；层站内，门导轨与上坎架连接，门地坎与支座连接。

两扇式中分门

四扇式中分门

旁开门

垂直门

图 7-1-1　各种电梯门的分类

电梯门门扇用厚度不小于 1 mm 的薄钢板制成，为了增强刚度和隔音减振，在其背面用成形钢件涂敷吸声、阻振材料，从横向或纵向或纵横交错予以加固。每个层门应设置门锁，当轿厢不停留在该层开锁（即平层）区域时，该层层门不能被打开；每层层门应设置外部门锁释放机构，在遇到紧急情况时，维修人员能从候梯厅使用专用三角钥匙开启该层层门。

电梯门关闭后，门扇之间、门扇与侧框（立柱）、门楣、地坎之间的静态间隙应尽可能地小；而动态间隙，对于客梯应不大于 6 mm，对于货梯应不大于 8 mm。考虑到磨损，此间隙值允许达到 10 mm。在水平滑动门和折叠门主动门扇的开启方向，以 150 N 的人力（不用工具）施加在一个最不利的点上时，对旁开门上述间隙应不大于 30 mm，对中分门上述间隙的总和不应大于 45 mm。层门及其四周应避免人员、衣服或其他物件被夹住而造成损坏或伤害的危险，应避免自动层门滑行期间发生剪切的危险，为此层门表面（除去开锁用的三角钥匙孔处）不应有大于 3 mm 的凹进或凸出部分，而那些不大于 3 mm 的凹进或凸出部分的边缘至少应在开门运行方向上倒角。

自动驱使的电梯门应尽量减少门扇撞击人的有害后果。为此对水平滑动的自动层门，其关门力在关门走过 1/3 行程后不应大于 150 N；其综合机械动能在修正的平均关门速度下不应大于

10 J。对水平滑动的非自动层门,当在有效的监控下持续关门且综合机械动能大于 10 J 时,其最快门扇的平均关闭速度不应大于 0.3 m/s。对于只能用于载货电梯的垂直滑动门的关闭,只有同时满足下列条件时才能用动力驱使:

①门的关闭是在使用人员持续控制(点动控制)和监视下进行的。

②门扇的平均关闭速度不大于 0.3 m/s。

③轿门只能向上开启。

④若轿门为网状或孔状钢板门扇,则网或孔的尺寸在水平方向不得大于 10 mm,垂直方向不得大于 60 mm。

⑤在层门开始关闭之前,轿门至少已关闭到 2/3。当折叠门扇开启达到相接门面外缘重叠的距离为 100 mm,或门扇外缘离开门框的距离为 100 mm 时,则阻止其继续打开的力不应大于 150 N。

图 7-1-2　层门外部结构

二、电梯层门保养

1. 层门

①关闭层门后,检查层门、层门套外观是否完整、清洁,有无划痕。

②使用棉抹布擦拭层门、层门套。

③层门在开关过程中不应该有任何的摩擦,所有划痕都应该仔细检查并解决。

④检查层门、层门套的各个安装参数是否正确:

- 检查层门、层门套外观是否完好,有无变形和划痕。
- 检查层门与门套的间隙应该保证在 1~6 mm。
- 检查层门与地坎的间隙应该保证在 1~6 mm。
- 层门门缝(中分式层门)上下间隙应该一致,层门关闭到最后关严时,不应该有撞击声。
- 快门与慢门(偏开式层门)之间的间隙应该保证一致。
- 层门开关过程中,不能与门套有任何摩擦。

⑤ 用抹布包上尺子,擦拭层门与门套之间缝隙内的灰尘。

2. 地坎(见图 7-1-3)

①使用真空吸尘器清洁地坎。

②检查地坎是否磨损、有无松动现象。

③检查地坎是否有变形，是否边缘凸起、中间凸起，任何变形都会导致层门不能关严。

④检查地坎的安装参数是否改变：地坎的左右水平误差必须保证小于 1 mm/m。前后水平误差保证在 0.2 mm/m。

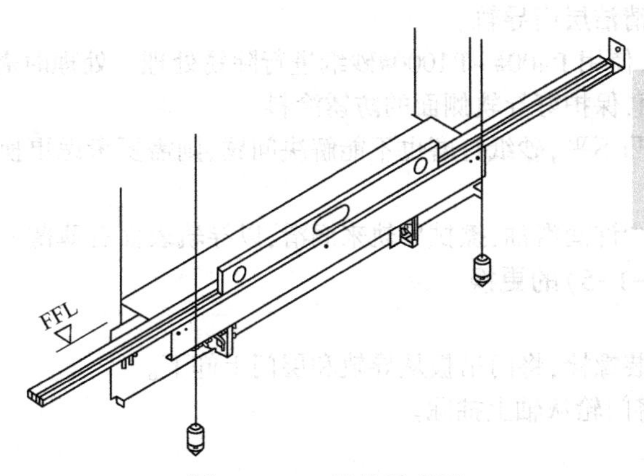

图 7-1-3 地坎示意图

⑤厅门地坎与轿门地坎之间的间隙应为 30~33 mm。

⑥层门地坎应高出最终客户装修地面 2~5 mm，这样当客户地面少量积水时，水不会顺着层门流入井道。

3. 层门护脚板

一般情况下，层门护脚板，如图 7-1-4 所示。不需要特殊保养，只需要在保养中检查一下就可以了，如果过脏，清洁一下即可。但每年或者需要时应该进行下列保养：

①检查护脚板是否安装牢固，如果松动，紧固螺栓、螺母。

②检查护脚板是否凸起，是否与轿门门轮、门刀摩擦；如果是，需要重新安装。

③护脚板一定不能凸出于井道地坎线之外，如果凸出需要校正。

④如果表面生锈，需要用 100#砂纸打磨去锈后重新补漆。

⑤如果锈蚀或损坏严重，需要更新。

⑥轿厢地坎到井道墙壁之间的距离必须小于 125 mm，否则就必须安装护脚板。这是为了防

图 7-1-4 层门护脚板

止当轿厢因为意外停止在楼层中间时,乘客如果打开轿门想爬出轿厢自救,那么当轿厢距离井道壁大于 125 mm 时,乘客有可能从这个间隙坠落,所以必须安装护脚板进行保护。

4. 层门导轨

①使用刀片将层门导轨表面的灰尘和堆积物清除干净。

②用棉布蘸清洁剂清洁层门导轨。

③如果导轨有锈蚀,使用 P400#~P1000#砂纸进行除锈处理。处理时需要注意,只打磨层门导轨面,不要打磨导轨侧面,保护好导轨侧面的防锈涂料。

④如果发现导轨凹凸不平,砂纸打磨也不能解决问题,则需要考虑更换导轨。

⑤清洁层门。

⑥使用干净棉布蘸少许润滑油,擦拭导轨来润滑,以导轨表面有薄薄一层润滑油膜为佳。

5. 门吊轮(见图 7-1-5)的更换

①拆下偏心轮。

②拆下门吊板的安装螺栓,将门吊板从导轨和层门上卸下。

③取下 C 形卡簧,将门轮从轴上抽除。

④装入新的门吊轮。

⑤按照相反的顺序将门装上。

⑥检查调整门扇的平行度和各项尺寸。

⑦建议更换门吊轮时,4 个门吊轮一起更换。

图 7-1-5　门吊轮

6. 重锤关门器

重锤关门器作为层门强迫关闭装置,在层门最后阶段(门刀脱离门轮以后)起完全关闭层门的作用。

①使用棉布蘸清洁剂清洁重锤关门器的门绳和重锤。

②清洁重锤绳的时候,检查重锤绳有无断丝。如果有,则考虑更换。

③使用润滑油润滑重锤绳、重锤和套筒。

④当层门完全关闭时,目测检查重锤底部与地坎的间隙应该为 40~50 mm。在北方或者季风大的地方,当风速过大时,大堂的层门会因为风的阻力而增加关门阻力,这样会使大堂的层门在最

后阶段不能完全关闭,解决的办法一是增加重锤关门器的重锤质量(但不能增加体积),二是将滑动门导靴换成滚动门导靴。

7. 锁钩啮合长度尺寸

厅门锁钩啮合长度应不小于 7 mm。在无外力的情况下,厅门应在任何位置均能自动关闭。锁钩啮合尺寸如图 7-1-6 所示。

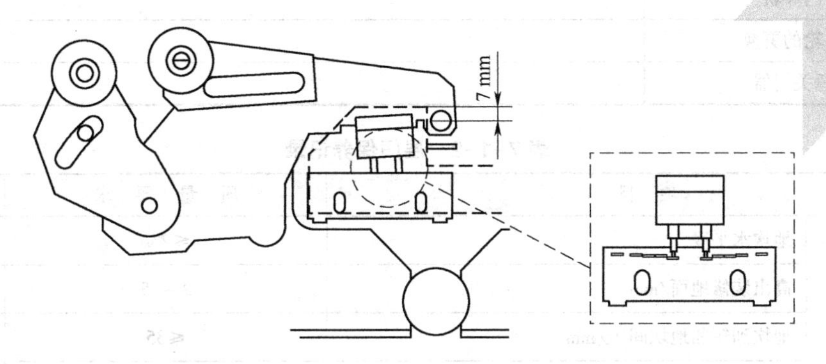

图 7-1-6　锁钩啮合尺寸

8. 层门门滑块更换、调整

①在调整中,应检查层门铝合金地坎安装是否平整,地坎两端是否弯曲下沉。地坎下沉,会造成门滑块在开门过程中脱离,在关门过程中产生碰撞。

②层门滑块嵌入滑槽深度必须不小于 10 mm,否则门滑块容易脱离门地坎,如图 7-1-7 所示。

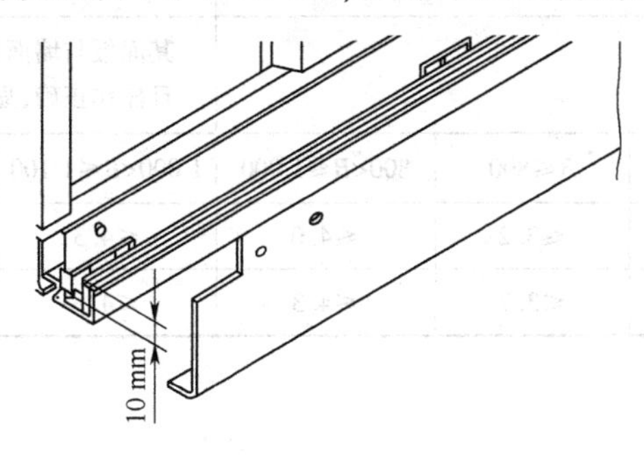

图 7-1-7　门滑块深度

 任务实施

根据现场电梯具体条件对层门进行保养,填写表 7-1-1 和表 7-1-2。

表 7-1-1　层门保养记录

保 养 部 件	保养过程记录
地坎	
层门护脚板	

续表

保 养 部 件	保养过程记录
门导靴	
门吊板	
层门导轨	
门吊轮的更换	
重锤关门器	

表 7-1-2 层门保养记录

<table>
<tr><th colspan="4">项 目</th><th colspan="2">质 量 要 求</th><th>施工检验记录</th></tr>
<tr><td rowspan="3">层门</td><td colspan="3">地坎水平度</td><td colspan="2">≤2‰</td><td></td></tr>
<tr><td colspan="3">高出装修地面/mm</td><td colspan="2">2 ~ 5</td><td></td></tr>
<tr><td colspan="3">地坎到轿厢地坎间距/mm</td><td colspan="2">≤35</td><td></td></tr>
<tr><td colspan="4">层门强迫关门装置</td><td colspan="2">必须动作正常</td><td></td></tr>
<tr><td colspan="4">水平滑动门关门开始 1/3 行程之后，阻止关门的力/N</td><td colspan="2">≤150</td><td></td></tr>
<tr><td colspan="4">层门锁钩在证实锁紧的电气安全装置动作之前，锁紧元件的最小啮合长度/mm</td><td colspan="2">≥7</td><td></td></tr>
<tr><td colspan="4">门刀与层门地坎，门锁滚轮与轿厢地坎间隙/mm</td><td colspan="2">5 ~ 10</td><td></td></tr>
<tr><td colspan="4">层门指标灯、盒及各显示装置</td><td colspan="2">其面板与墙面贴实横竖端正，
且操作正确，显示无误</td><td></td></tr>
<tr><td rowspan="3">开关门时间/s</td><td>开门宽度 B/mm</td><td>B≤800</td><td>800<B≤1 000</td><td>1 000<B≤1 100</td><td colspan="2">1 100<B≤1 300</td></tr>
<tr><td>中分</td><td>≤3.2</td><td>≤4.0</td><td>≤4.3</td><td colspan="2">≤4.9</td></tr>
<tr><td>旁开</td><td>≤3.7</td><td>≤4.3</td><td>≤4.9</td><td colspan="2">≤5.9</td></tr>
</table>

任务评价

（一）自我评价（40 分）

学生根据学习任务完成情况进行自我评价，见表 7-1-3。

表 7-1-3 自我评价表

项 目 内 容	配 分	评 分 标 准	扣 分	得 分
1. 安全意识	10	1. 不按要求穿着工作服、戴安全帽、穿防滑电工鞋（扣 2 分） 2. 在轿顶操作不系好安全带（扣 2 分） 3. 不按要求进行带电或断电作业（扣 2 分） 4. 不按安全要求规范使用工具（扣 2 分） 5. 其他违反安全操作规范的行为（扣 2 分）		

续表

项目内容	配分	评分标准	扣分	得分
2. 故障维修	10	厅门地坎与轿门地坎的水平距离应不大于 35 mm，与设计值偏差为 0~3 mm		
	10	门扇的垂直度偏差和门梁的水平度偏差不大于 1/1 000		
	20	对于客梯，厅门、轿门的门扇之间，门扇与门套之间，门扇与地坎之间的间隙不大于 6 mm；货梯不大于 8 mm，在水平滑动门开启方向，以 150 N 的力施加在最不利点时，间隙应不大于 30 mm		
	5	厅门、轿门运行不应卡阻，脱轨或在行程终端时错位		
	5	中分厅门关闭时，门扇对口处不平度不大于 1 mm，门扇间隙不大于 2 mm		
	12	门锁在电器联锁装置动作前，锁紧元件的最小啮合长度不小于 7 mm		
	8	层门限位轮与门导轨下端面之间的间隙不大于 0.5 mm		
	10	当厅门门扇间是由绳、链、带连接时，被动门需装有电气联锁保护装置，且动作可靠		
3. 职业规范和环境保护	10	1. 在工作过程中工具和器材摆放凌乱（扣 3 分） 2. 不爱护设备、工具，不节省材料（扣 3 分） 3. 在工作完成后不清理现场，在工作中产生的废弃物不按规定处置（扣 4 分）		
自我评分＝（1~3 项总分）×40%				

签名________　　________年________月________日

（二）小组评价（30 分）

同一实训小组同学进行互评，见表 7-1-4。

表 7-1-4　小组评价表

项目内容	配分	评分
实训记录与自我评价情况	30	
相互帮助与协作能力	30	
安全、质量意识与责任心	40	
小组评分＝（1~3 项总分）×30%		

参评人员签名________　________年________月________日

（三）教师评价（30 分）

指导教师结合自评与互评的结果进行综合评价，见表 7-1-5。

表 7-1-5 综合评价

教师总体评价意见：	
教师评分(30分)	
总评分=自我评分+小组评分+教师评分	

教师签名________ ________年________月________日

任务二 电梯轿门维护与保养

学习目标

1. 掌握电梯轿门机械系统的组成、构造和基本工作原理。
2. 熟悉电梯轿门机械系统各部件的安装位置和动作过程。
3. 熟悉电梯轿门机械故障的类型，学会电梯层门各部件的维修与保养的方法。

任务描述

轿门安全开关能保证门在没有安全关闭到位，或者没有锁好的状态下电梯不能正常运行。本任务主要介绍电梯轿门系统的维护保养。通过电梯轿门机械系统的组成、构造和工作原理的学习以及电梯轿门各部件维护保养方法的学习，掌握电梯轿门常见机械故障的诊断与排除方法。

相关知识

一、轿门检查

1. 轿门的常规检查

①用抹布蘸机器清洗剂擦洗轿门内侧，清除上面的灰尘和污垢。

②用干抹布（无油和水）擦拭门保护装置。

③测试门保护装置是否可靠。

- 在关门过程中，挡住机械式门保护装置，门将会自动打开。
- 在关门过程中，遮挡光电式门保护装置，门将会自动打开。

④反复开关轿门，检查轿门在开关过程中是否平滑，有没有异常声音。

⑤将电梯运行到其他楼层，再次检查轿门开关情况。建议在客流较大的楼层检查开关门情况。

⑥前后晃动轿门，如果发出较大的“咯吱”声，则说明导靴可能松动或磨损，应立即更换。

⑦用吸尘器清除地坎槽内的异物，然后再用抹布擦拭。地坎槽内的异物会阻碍门导靴在地坎槽内的运行。

⑧检查轿门和厅门边缘在运行时是否相差太大。

⑨检查开、关门到位时,是否有撞击声。

⑩开、关门到位后,检查门是否开、关齐。

⑪查看门扇上有无划痕。

⑫检查强迫关门功能。保持开门状态,一直到蜂鸣器响起,此时门将以低于额定速度的速度强迫关闭。

2. 轿门推力检查

①门推力的范围应该在 112~133 N 之间。如果大于或小于这个范围,则需要重新调整轿门。

②使用推力器测量门的推力。

③将推力器靠近门的边缘,要在独立服务状态下检测,防止门保护装置动作使门重新打开。

④让门开始关闭。

⑤当门关闭至 1/3 处时,使用推力器将门顶停,并记下读数。

⑥逐渐减轻顶力,使门开始关闭,记下门开始关闭时的读数。

⑦这两个读数应该在上述门推力范围内。

二、轿门保养

1. 门导轨保养

①门导轨示意图如图 7-2-1 所示。至少每半年保养一次,对于北方地区以及条件较差的地区,至少每 3 个月保养一次。

②使用刀片将导轨上的灰尘和污垢刮除干净。

③用抹布蘸清洁剂擦洗导轨。

④如果导轨有生锈现象,应该用砂纸去除。

⑤最后用抹布蘸轴承润滑油擦拭导轨表面,润滑导轨。

⑥导轨润滑不应该过多,最好是薄薄的一层油膜。过多的润滑油反而会容易使导轨变脏。

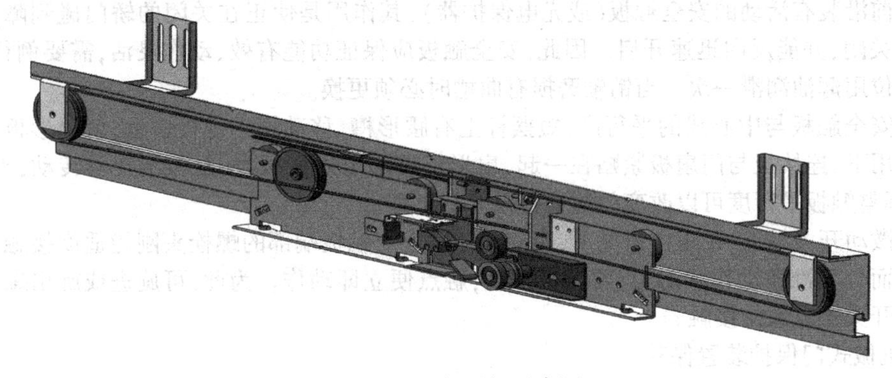

图 7-2-1 门导轨示意图

2. 轿门挂板保养

①轿门挂板至少每半年保养一次,对于北方地区以及条件较差地区,至少每 3 个月保养一次。

②用抹布蘸清洁剂擦洗门挂板及门吊轮。

③用抹布蘸轴承润滑油润滑门吊轮,通过擦拭即可达到保养目的,润滑以少油为佳。

④用手推动轿门开关,检查门开关是否平滑,如果不平滑,则检查门吊轮,一般是门吊轮磨损造成的,需要更换门吊轮。

⑤将轿门完全关闭,检查两扇门上下的间隙,如果间隙明显不同,即说明是门吊轮磨损严重,需要更换。

⑥门吊轮更换:

A. 松开门挂板下的偏心轮。

B. 拆下门挂板上的安装螺栓。

C. 拆下开门机连接件。

D. 将门挂板从轿门导轨和轿门上拆下。

E. 用卡簧钳将C形卡簧取下,将门吊轮从门挂板上取下。

F. 按相反顺序操作,安装上新的门吊轮,重新安装好门挂板。

⑦偏心轮调整。偏心轮的作用是防止门挂板从导轨上脱落。调整偏心轮之前,已经对导轨做完了保养工作。

A. 用手开关轿门,检查偏心轮是否跟随转动。若有“隆隆”声,则说明偏心轮和门导轨间的间隙过小。

B. 使用塞尺,垫到偏心轮与导轨之间。

C. 调整偏心轮调整螺栓,调整好后,锁紧偏心轮锁母。

D. 确保偏心轮与门导轨之间有0.5~1 mm间隙。

3. 轿门地坎和轿门导靴保养

①用手晃动轿门下部,如果晃动较大,或者发出较大“咯咯”声,说明导靴磨损严重,需要更换导靴。

②用吸尘器清理地坎槽内的异物,然后用抹布擦拭清理。

③更换新的门导靴后,应检查门导靴在地坎凹槽内运行是否平稳,新导靴可能会有一些毛刺影响门开关的平稳,可以适当修理门导靴。

4. 门保护装置保养

轿门前沿装有活动的安全触板(或光电保护器),其作用是使正在关闭的轿门碰到障碍物时,不仅停止关闭,并能反向迅速开启。因此,安全触板应保证功能有效、动作灵活,需要例行在各杠杆铰接部位用薄油润滑一次。当销轴磨损有曲槽时必须更换。

调整安全触板与中心线的平行度,短摆杆上有腰形槽,移动槽内螺栓位置,使扇形板移动,在弹簧的作用下,连接板与门扇板紧贴在一起,扇形板移动至连接板,使触板绕转轴转动,平行度得到调整,调整触板平行度可以改变门缝夹持乘客的宽度。

调整微动开关触点,在正常情况下,应使开关触点与触板端部的螺栓头刚能适度接触,在弹簧的作用下而处于准备动作状态,只要触板摆动,触点便立即动作。为此,可旋进或旋出螺栓,使螺栓头部与开关触点保持接触。

(1)机械式门保护装置保养

①在门关闭过程中,用手触动机械式门保护装置(安全触板)。门应该立即反向打开。在门关闭到不同位置时进行测试。

②一直用手动作安全触板,直到门强迫关门起动,检查强迫关门的速度和力矩。

③使用干净的抹布擦拭安全触板,由于安全触板可能与乘客身体接触,所以不允许用油污润滑触及板表面。

④如果安全触板动作时发出摩擦声,那么可以给触板的活动轴承、活动推杆加少量轴承润滑机油润滑。

⑤检查安全触板开关是否安装牢固。

⑥重点检查安全触板电缆是否有破损，因为安全触板电缆跟随轿门活动，所以会经常磨损，要注意检查。

⑦检查电缆固定点，要确保电缆不会因为轿门的运动而受到过分的磨损或者挤压。

(2)光电式门保护装置保养

①用手在门的上、中、下不同部位进行遮挡，检查门保护装置是否能使门再次打开。

②光电式门保护装置，如图7-2-2所示。经常会受灰尘的影响而干扰工作的情况，所以要求经常用干净柔软的抹布擦拭门保护装置。

③对于发生问题的门保护装置，还要检查两个单元是否对齐。

④与机械式门保护装置一样，检查门保护装置电缆的安装可靠性和是否有磨损。

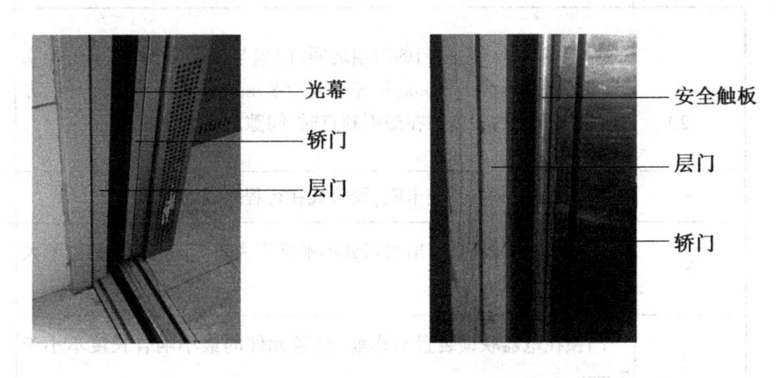

图7-2-2　门保护装置

任务实施

根据轿门具体条件进行保养，填写表7-2-1。

表7-2-1　轿门保养记录

步　骤	保养过程记录
门导轨保养	
轿门挂板保养	
轿门地坎和门导靴	
门扇板保养	
门保护装置保养	

任务评价

(一)自我评价(40分)

学生根据学习任务完成情况进行自我评价，见表7-2-2。

表 7-2-2 自我评价

项目内容	配分	评分标准	扣分	得分
1. 安全意识	10	1. 不按要求穿着工作服、戴安全帽、穿防滑电工鞋(扣 2 分) 2. 在轿顶操作不系好安全带(扣 2 分) 3. 不按要求进行带电或断电作业(扣 2 分) 4. 不按安全要求规范使用工具(扣 2 分) 5. 其他违反安全操作规范的行为(扣 2 分)		
2. 故障维修	10	厅门地坎与轿门地坎的水平距离应不大于 35 mm，与设计值偏差为 0~3 mm		
	10	门扇的垂直度偏差和门梁的水平度偏差不大于 1/1 000		
	20	对于客梯，厅门、轿门的门扇之间，门扇与门套之间，门扇与地坎之间的间隙不大于 6 mm；货梯不大于 8 mm，在水平滑动门开启方向，以 150 N 的力施加在最不利点时，间隙应不大于 30 mm		
	5	厅门、轿门运行不应卡阻，脱轨或在行程终端时错位		
	5	中分厅门关闭时，门扇对口处不平度不大于 1 mm，门扇间隙不大于 2 mm		
	12	门锁在电器联锁装置动作前，锁紧元件的最小啮合长度不小于 7 mm		
	8	层门限位轮与门导轨下端面之间的间隙不大于 0.5 mm		
	10	当厅门门扇间是由绳、链、带连接时，被动门需装有电气联锁保护装置，且动作可靠		
3. 职业规范和环境保护	10	1. 在工作过程中工具和器材摆放凌乱(扣 3 分) 2. 不爱护设备、工具，不节省材料(扣 3 分) 3. 在工作完成后不清理现场，在工作中产生的废弃物不按规定处置(扣 4 分)		
自我评分 =(1~3 项总分)×40%				

签名________ ________年________月________日

(二)小组评价(30 分)

同一实训小组同学进行互评，见表 7-2-3。

表 7-2-3 小组评价表

项目内容	配分	评分
实训记录与自我评价情况	30	
相互帮助与协作能力	30	
安全、质量意识与责任心	40	
小组评分 =(1~3 项总分)×30%		

参评人员签名________ ________年________月________日

（三）教师评价（30 分）

指导教师结合自评与互评的结果进行综合评价，见表 7-2-4。

表 7-2-4　教师评价

教师总体评价意见：	
教师评分（30 分）	
总评分 = 自我评分 + 小组评分 + 教师评分	

教师签名________　________年________月________日

任务三　开关门机构维护与保养

学习目标

1. 掌握电梯开关门机构的组成、构造和基本工作原理。
2. 熟悉电梯开关门机构各部件的安装位置和动作过程。
3. 熟悉电梯开关门机构故障的类型，学会电梯层门各部件的维护与保养的方法。

任务描述

电梯门是乘客或货物的出入口，电梯门系统不仅具有开关门功能，同时还提供了防止人员坠落井道的保护。本任务主要介绍电梯开关门机构的维护保养，掌握电梯开关门机构常见机械故障的诊断与排除方法。

相关知识

一、开关门机构组件

开关门机构组件如图 7-3-1 所示，是指驱动电梯轿门和厅门同时开或关的组合机件，又称门系统。主要包括开门机组件、轿门、厅门组件及厅门。其中开门机组件安装在轿顶上，轿门吊挂在开门机组件的左右挂板上，整个轿门子系统随轿厢一起升降。厅门组件安装在井道各层站的门口上方的内壁上，厅门吊挂在厅门组件的左右挂板上，由开门电动机带动开关。

厅门都设有自闭装置，由拉力弹簧或重锤组成。当厅门非正常打开时能通过拉力弹簧的拉力或重锤的自重克服层门的关门摩擦力，使厅门自动锁闭。

在轿门和厅门上还设有机械电气联锁检测装置。当电梯门打开时，通过电气控制的门联锁检测电路，向电梯控制系统发出信号，电梯不能起动运行。

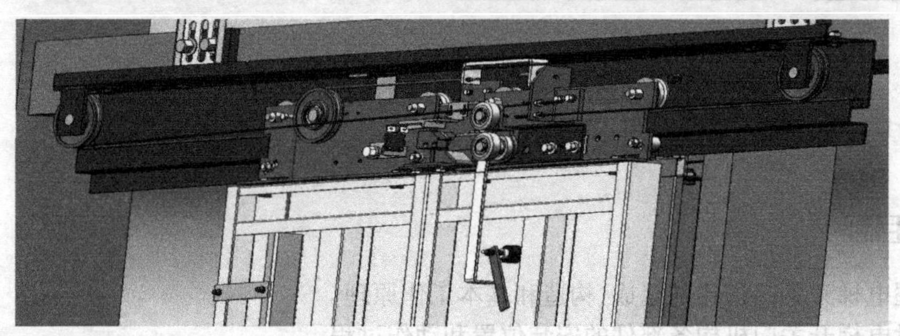

图 7-3-1 开关门机构组件

二、开关门机构的动作及维保要点

1. 开关门机构的动作过程

当轿厢到达某一层站时，安装在轿门上的门刀插入该厅门的门锁滚轮中。当轿门由开门电动机带动产生开门动作时，门刀随轿门动作，首先拨动开锁臂轮，使锁钩脱开完成层门的开锁动作；当门刀继续向右运行，通过门刀推动滚轮使层门向右联动，完成层门的开门动作。当轿门关闭时，联动动作过程相反。电梯起动离开层站后，门刀也随轿门离开层门门锁，此时层门门锁已锁紧，无法在层站外正常打开。

由于门刀只能直接带动一扇层门，因此两扇厅门之间还必须设置一个联动机构，使两扇门能同时产生动作。这就要求层门和轿门应平整，启闭轻便灵活，无跳动、摇摆和噪声，门挂轮中的滚珠轴承和其他摩擦部分都应定期润滑减小阻力。

2. 开关门机构维修保养要点

①当厅门或轿门滚轮磨损，使门扇下坠，其下端面与门框座间隙小于 4 mm 时，应更换滚轮或调整其间隙为(6±2)mm。

②门导靴磨损 3 mm，应给予更换，门运行时应无跳动、噪声。各连接螺栓应紧固。门导轨每周擦拭一次，涂抹少量机油，使门能轻便灵活地启闭。

③门扇在未装自动门机构连杆前，在门扇重心处，沿导轨水平方向牵引，其阻力小于 300 N。

④对没有自动门机构的电梯门，在全行程最终的 100~200 mm 段，应调整慢速运行，以防撞击。

⑤经常检查轿门的门联锁开关可靠性，只有在完全关门时，开关才接通，电梯方可运行。

⑥电梯因故障中途停止运行时，轿门应能在轿厢内用手扒开，开门所需的力不得超过300 N，但必须由有经验的保养工人操作。

⑦自动门机构的直流电动机，每季度检查一次，每年清洗一次，如电刷磨损严重，应予以更换，并清除电动机内炭屑，在轴承处加注钙基润滑脂。

⑧自动门机构的传动带，因伸长而引起张力降低，影响开关门性能时，可调整直流电动机底座螺栓，使传动带适当张紧。同理调整中间带轮的偏心轴，可张紧慢速传动带。

⑨对摆杆中的滚轮应定期加注钙基润滑脂，每年清洗一次。

⑩安全触板的动作应灵活可靠，否则应调整安全触板下方的微动开关位置。

任务实施

步骤一：电梯开关门机构维修的前期工作。

①在轿厢内或入口的明显处设置“检修停用”标志牌。

②让无关人员离开轿厢和检修工作场地，需用合适的护栅挡住入口处以防无关人员进入。

③检查电梯发生故障的警示及相关安全措施的完善状况。

④向相关人员（如管理人员、乘客或司机）了解电梯的故障情况。

⑤按规范做好维修人员的安全保护措施。

步骤二：排除故障一。

1. 故障现象

中分式厅门关闭后，两门扇的门缝呈现“V”形。

2. 故障分析

中分式厅门两门扇间的门缝呈现“V”形，主要是由门扇的垂直度偏差引起的，而导致门扇垂直度偏差的原因主要有以下两种：

①吊挂门扇的门挂板组件中，门滑轮磨损不均，造成门扇不垂直，使门缝呈“V”形。

②由于门扇开关门的振动，造成门扇的连接螺钉松动，导致门扇不垂直而产生“V”形门缝。

3. 故障排除过程

①在层站对两门扇的垂直度进行检测，确定垂直度偏差较大、需进行调整的门扇。

②进入轿顶，拆下该门扇的门滑轮组件，用游标卡尺检查两个门滑轮的内圆直径尺寸是否一致，如偏差较大，更换门滑轮。

③检查门扇的连接螺母是否松动。如果收紧连接螺母后门扇垂直度偏差仍然较大，可用门垫片进行调整。

调整完成后，应注意检查门扇之间及其与门套、门地坎之间的间隙等是否因调整门扇而有所改变，是否符合国家标准的要求。

步骤三：排除故障二。

1. 故障现象

电梯门关闭后，选层、定向等各项显示正常，但电梯无法启动运行。

2. 故障分析

根据电梯的运行原理，电梯起动运行必须具备两个条件：一是具有选层、定向等信号；二是所有电梯门已关闭并锁紧，门联锁回路接通。

根据故障现象分析，电梯的选层、定向等各项显示正常，表明第一个条件已经具备，因此应重点检查第二个条件是否具备,即门联锁回路是否接通。

3. 故障排除过程

①到机房打开控制柜,检查门联锁回路,发现门联锁回路未接通,表明电梯门虽已关闭,但未锁紧,门锁紧检测电气装置未接通,导致门联锁回路未接通。因此,下一步应重点检查电梯门的门锁装置是否正常。

②维修人员进入轿顶,对门锁进行外观检查,检查门锁的完好情况,如门锁损坏进行更换。

③检查与调整门锁与锁座之间的间隙及锁钩与锁座的啮合深度。调整方法如下:

A. 用门锁的安装长圆孔左右调整门锁的位置,将门锁钩与门锁座的间隙调整为(3±1)mm,即门锁钩的竖向基准线与门锁座挂钩面对齐。

B. 调整门锁座下面垫片的厚度,使门锁钩与门锁座的啮合余量为(11±1)mm,即门锁钩的横向基准线与门锁座挂钩面上端对齐。

C. 将门锁活动滚轮慢慢压向门打开方向,移动门之前应确认门锁触点已断开。

D. 将门锁活动滚轮慢慢压向门打开方向确认门锁钩的行程为13~14 mm,且门锁钩座挂钩面上端的间隙为3~9 m,如果超标时,应再次确认B项作业。

E. 在关门位置完全抓紧门锁滚轮后,再慢慢释放。应确认门锁触点接通时,门锁钩与门锁座的啮合余量为7~10.5 mm,如图7-3-2所示。并再次确认门锁钩与门锁座的啮合余量为(11±1)mm。

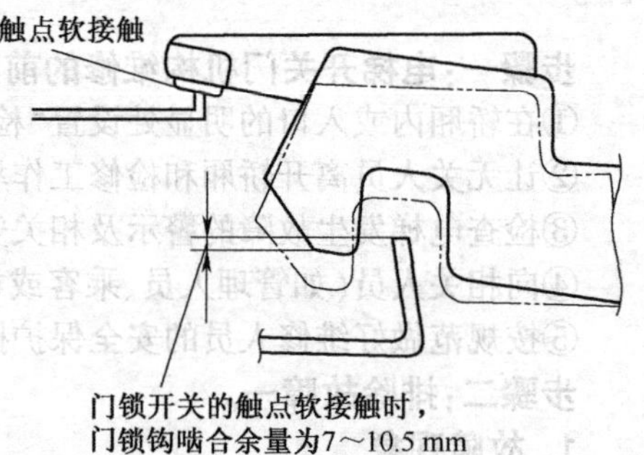

图7-3-2 门锁钩啮合尺寸

F. 检查门锁触点的超行程,应为(4±1)mm。确认在门关闭锁紧的情况下,在门的下端施加人力无法打开厅门。在门锁调整结束后,应检查层门在任何位置都可以自动关闭,特别是在锁钩与锁盒接触的位置。

任务评价

(一)自我评价(40分)

学生根据学习任务完成情况进行自我评价,见表7-3-1。

表7-3-1 自我评价表

项目内容	配分	评分标准	扣分	得分
1. 安全意识	10	1. 不按要求穿着工作服、戴安全帽、穿防滑电工鞋(扣2分) 2. 在轿顶操作不系好安全带(扣2分) 3. 不按要求进行带电或断电作业(扣2分) 4. 不按安全要求规范使用工具(扣2分) 5. 其他违反安全操作规范的行为(扣2分)		
2. 故障维修	10	厅门地坎与轿门地坎的水平距离应不大于35 mm,与设计值偏差为0~3 mm		
	10	门扇的垂直度偏差和门梁的水平度偏差不大于1/1 000		
	20	对于客梯,厅门、轿门的门扇之间,门扇与门套之间,门扇与地坎之间的间隙不大于6 mm;货梯不大于8 mm,在水平滑动门开启方向,以150 N的力施加在最不利点时,间隙应不大于30 mm		

续表

项 目 内 容	配 分	评 分 标 准	扣 分	得 分
2. 故障维修	5	厅门、轿门运行不应卡阻,脱轨或在行程终端时错位		
	5	中分厅门关闭时,门扇对口处不平度不大于1 mm,门扇间隙不大于2 mm		
	12	门锁在电器联锁装置动作前,锁紧元件的最小啮合长度不小于7 mm		
	8	层门限位轮与门导轨下端面之间的间隙不大于0.5 mm		
	10	当厅门门扇间是由绳、链、带连接时,被动门需装有电气联锁保护装置,且动作可靠		
3. 职业规范和环境保护	10	1. 在工作过程中工具和器材摆放凌乱(扣3分) 2. 不爱护设备、工具,不节省材料(扣3分) 3. 在工作完成后不清理现场,在工作中产生的废弃物不按规定处置(扣4分)		
自我评分=(1~3项总分)×40%				

签名________　　________年________月________日

(二)小组评价(30分)

同一实训小组同学进行互评,见表7-3-2。

表7-3-2　小组评价表

项 目 内 容	配 分	评 分
实训记录与自我评价情况	30	
相互帮助与协作能力	30	
安全、质量意识与责任心	40	
小组评分=(1~3项总分)×30%		

参评人员签名________　　________年________月________日

(三)教师评价(30分)

指导教师结合自评与互评的结果进行综合评价,见表7-3-3。

表7-3-3　教师评价

教师总体评价意见:	
教师评分(30分)	
总评分=自我评分+小组评分+教师评分	

教师签名________　　________年________月________日

思考与练习

一、填空题

1. 门系统是乘客或货物的进出口,它由________、________、________、________和________组成;只有当所有的________和________关闭后,电梯才能运行。

2. 厅门锁钩、锁臂及触点动作应灵活,在电气安全装置动作之前,锁紧元器件的最小啮合长度为________ mm。

3. 门刀与厅门地坎、门锁滚轮与轿门地坎间隙应为________。

4. 三个行程终端限位保护开关分别是________开关、________开关和________开关。

二、选择题

1. 电梯关门电路应实现过程是(　　)。

A. 慢—快—更快—停止　　B. 慢—快—慢—停止

C. 快—慢—更慢—停止　　D. 快—更快—慢—停止

2. 门滑块固定在门扇下底端,每个门扇一般至少装有(　　)个。

A. 1　　B. 2　　C. 3　　D. 4

3. 门由一侧向另一侧开关的电梯门称为(　　)。

A. 中分式门　　B. 旁开式门　　C. 直分式门　　D. 单掩门

4. 几个门扇开、关门速度相同的是(　　)。

A. 中分式门　　B. 旁开式门　　C. 直分式门　　D. 单掩门

5. 由于开门速度快,较适用于客梯的是(　　)。

A. 中分式门　　B. 旁开式门　　C. 直分式门　　D. 单掩门

6. 由于开门宽度大,较适用于货梯的是(　　)。

A. 中分式门　　B. 旁开式门　　C. 直分式门　　D. 单掩门

7. 手动三角锁安装在(　　)。

A. 厅门上　　B. 轿门上　　C. 轿顶上　　D. 轿底上

8. 安全触板安装在(　　)。

A. 厅门上　　B. 轿门上　　C. 轿顶上　　D. 轿底上

9. 强迫关门装置安装在(　　)。

A. 厅门上　　B. 轿门上　　C. 轿顶上　　D. 轿底上

10. 自动门锁装置安装在(　　)。

A. 厅门上　　B. 轿门上　　C. 轿顶上　　D. 轿底上

11. 电梯层们锁的锁钩啮合与电气接点的动作顺序是(　　)。

A. 锁钩啮合与电气接点同时接通

B. 锁钩的啮合深度达到 7 mm 以上时电气接点接通

C. 动作先后没有要求

D. 电气接点接通后锁钩啮合

12. 防护层站发生坠落危险的安全部件是(　　)。

A. 门头　　B. 门电动机　　C. 门锁　　D. 门刀

13. 层门自闭装置是防坠落保护的重要部件,有(　　)式和重锤式两种。

A. 铰链　　B. 弹簧　　C. 杠杆　　D. 电磁

项目八 电梯机械系统的维护与保养

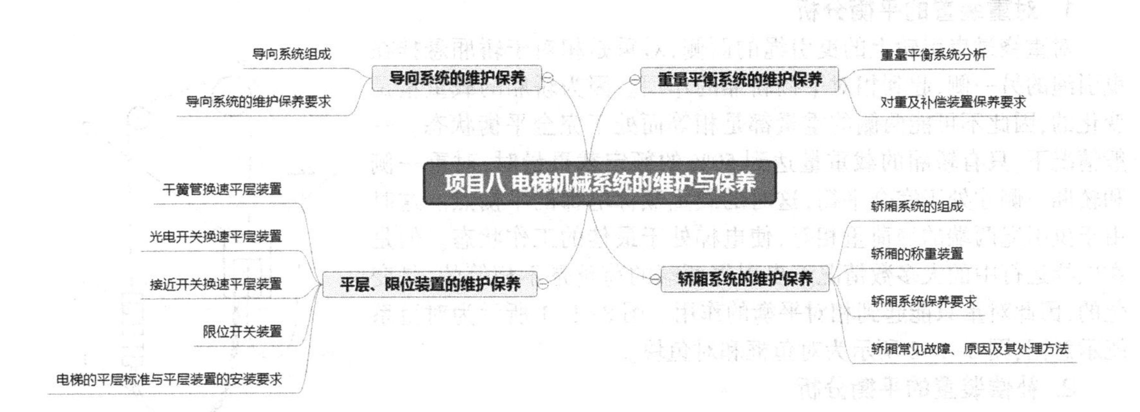

任务一 重量平衡系统的维护保养

学习目标

1. 掌握电梯重量平衡机构组成、构造和基本工作原理。
2. 掌握电梯对重装置的维护及保养方法。
3. 掌握电梯补偿装置的维护及保养方法。

任务描述

重量平衡系统是使对重与轿厢达到相对平衡，在电梯工作中使轿厢与对重间的重量差保持在某一个限额之内。本任务主要学习电梯对重装置及补偿装置组成、构造和工作原理，以及对它们的维护保养方法，以掌握电梯重量平衡系统机械故障的诊断与排除方法。

相关知识

重量平衡系统是使对重与轿厢达到相对平衡，在电梯工作中使轿厢与对重间的重量差保持在某一个限额之内，保证电梯的曳引传动平稳、正常。它由对重装置和重量补偿装置两部分组成。

对重装置起到相对平衡轿厢重量的作用，它与轿厢相对悬挂在曳引绳的另一端。补偿装置的作用是：当电梯运行的高度超过 30 m 时，由于曳引钢丝绳和电缆的自重，使得曳引轮的曳引力和电动机的负载发生变化，补偿装置可弥补轿厢两侧重量不平稳。保证轿厢侧与对重侧重量比在电梯运行过程中不变。

一、重量平衡系统分析

1. 对重装置的平衡分析

对重绕过曳引轮上的曳引绳的两侧，对重是相对于轿厢悬挂在曳引绳的另一侧，起到相对平衡轿厢的作用。因为轿厢的载重量是变化的，因此不可能两侧的重量都是相等而处于完全平衡状态。一般情况下，只有轿厢的载重量达到 50% 的额定载重量时，对重一侧和轿厢一侧才处于完全平衡，这时的载重额称电梯的平衡点。这时由于曳引绳两端的静荷重相等，使电梯处于最佳的工作状态。但是在电梯运行中的大多数情况下曳引绳两端的荷重是不相等的，是变化的，因此对重只能起到相对平衡的作用。图 8-1-1 所示为对重系统示意图，图 8-1-2 所示为对鱼框和对鱼块。

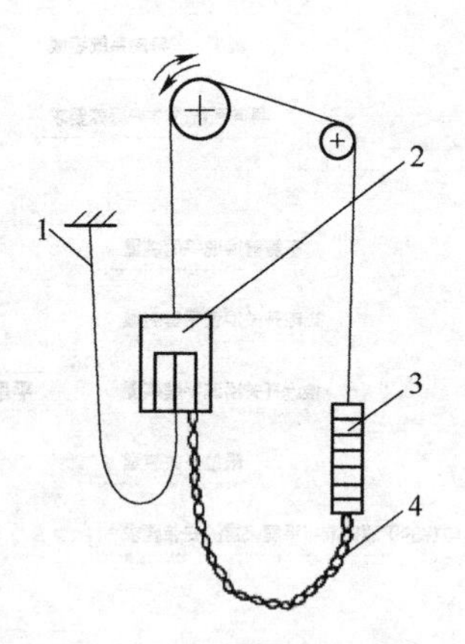

图 8-1-1 对重系统示意图
1—随行电缆；2—轿厢；
3—对重；4—平衡补偿装置

2. 补偿装置的平衡分析

在电梯运行中，对重的相对平衡作用在电梯升降过程中还在不断的变化。当轿厢位于最低层时，曳引绳本身存在的重量大部分都集中在轿厢侧；相反，当轿厢位于顶层时，曳引绳的自身重量大部分作用在对重侧。还有电梯上控制电缆的自重，也都对轿厢和对重两侧的平衡带来变化，也就是轿厢一侧的重量与对重一侧的重量的比例在电梯运行中是变化的。尤其当电梯的提升高度超过 30 m 时，这两侧的平衡变化就更大，因而必须增设平衡补偿装置来减弱其变化。图 8-1-3 所示为补偿链。

平衡补偿装置悬挂在轿厢和对重的底面，在电梯升降时，其长度的变化正好与曳引绳长度变化对重相反，当轿厢位于最高层时，曳引绳大部分位于对重侧，而补偿链（绳）大部分位于轿厢侧；而当轿厢位于最低层时，情况与上正好相反，这样在轿厢一侧和对重一侧就起到了平衡的补偿作用，保证了轿厢和对重相对平衡。

例如，有一 60 m 高建筑内使用的电梯，用 6 根 $\phi13$ mm 的钢丝绳，其中不可忽视的是绳的总重量约 360 kg。随着轿厢和对重位置的变化，这个总重量将轮流地分配到曳引轮的两侧。为了减少电梯传动中曳引轮所承重的载荷差，提高电梯的曳引性能，就必须采用补偿装置。

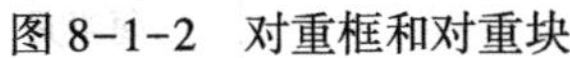
图 8-1-2 对重框和对重块

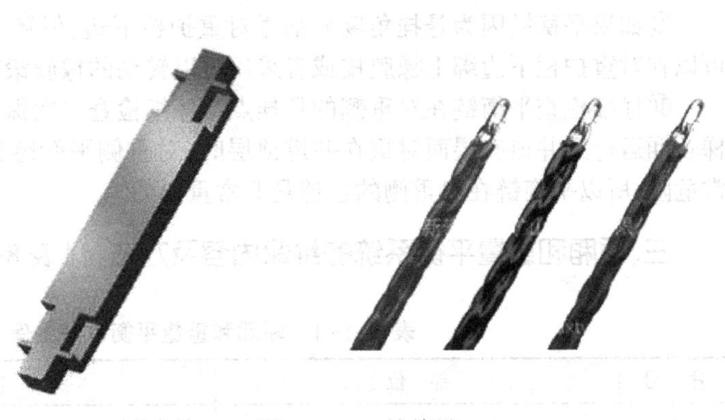
图 8-1-3 补偿链

二、对重及补偿装置保养要求

1. 对重装置保养

①定期检查对重总重量是否等于轿厢自重加上轿厢额定载重的 50% 左右（以平衡系数为准）。方法是在轿厢内放置该电梯额定载重量的一半标准砝码（每块为 20 kg），按电梯规定运行速度上、下运行，检查各项有关性能指标，是否合乎本梯的最佳工作状态。

②定期检查放置在对重架的陀（铁）块是否压牢，不允许陀（铁）块在运行中产生抖动或窜动。其方法是：在轿顶检查对重装置（使电梯停止后才检查），检查压块有无松动；检查对重块在框架内安放情况，有无晃动；检查在对重块之间或其他处，有无用塞垫片或其他碎件，作为垫平防晃之用。一经发现，应立即停梯，按装置对重块的要求，重新找正、找平，不允许用它物垫平。

③定期检查对重轮或绳头装置。在检查第 2 项的同时，当轿厢和对重装置的位置基本对齐时，在轿顶上检查对重轮（2∶1）绕比的电梯，润滑是否正常、有无异声、有无损裂；对于采用绳头组合装置（1∶1 绕比的电梯）的，应检查绳头装置有无问题，螺母和卡销等有无松动、损坏及丢失。

④定期检查对重装置使用的导靴工作情况、看其有无损伤、缺油（滑动导靴）等问题，对于对重架上安装有安全钳的，则应对安全钳装置进行检查，转动部分应保持灵活、动作可靠，并定期加润滑油。

⑤应定期检查对重架安装尺寸和质量；同时，应检查对重下端距对重缓冲器的高度是否合乎规定尺寸（当轿厢在顶端平层位置时）。若距离太近，应考虑按规定截短曳引绳。

2. 补偿装置保养

①清洁平衡链上的灰尘和油污。

②查看平衡链上的消音麻绳或麻套是否断裂,如有断裂应重新编织、连接。

③检查平衡链消音塑料套是否有断裂、破损,如果有,应重新挂胶处理。

④检查平衡链连环是否有变形和裂缝,如有则必须立即处理。

⑤检查平衡链连接板是否松动,如果有则应紧固。

⑥平衡链与轿底处应有二次保护装置,并且连接螺栓处有锁紧螺母及开口销固定。

⑦运行电梯上下全速运行,倾听平衡链运行时是否有噪声,如有需要采取措施处理。一些带麻绳的平衡链运行一段时间后会发出噪声,可以给麻绳加些润滑油,能够起到减少噪声的作用,还可以保护麻绳不被腐蚀。

⑧检查平衡链距离底坑地面的距离。

⑨如果平衡链因为悬挂角度而刮碰对重护栏下边,但还不能够移动平衡链的悬挂位置,那么可以在对重护栏下边绑上橡胶皮或者采用可以转动的橡胶滚轮来对平衡链进行导向。

⑩仔细检查平衡链在对重侧的悬挂点。仔细检查二次保护以及固定的螺母、开口销。因为电梯轿厢运行到井道底层而对重在井道顶层时,对重侧平衡链脱落后平衡链将会落在轿厢顶上,非常危险,所以平衡链在对重侧的悬挂是非常重要的。

三、轿厢和重量平衡系统的维保内容及方法(见表 8-1-1)

表 8-1-1　轿厢和重量平衡系统维保内容及方法

序　号	部　位	维　保　内　容	维　保　周　期
1	导向轮、轿顶轮和对重轮的轴与轴套之间	补充注油	每半月
2		拆卸换油	每年
3	对重装置	检查运行时有无噪声	每半月
4	对重块及其压板	检查对重块及其压板是否压紧,有无窜动	每半年
5	对重与缓冲器	检查对重与缓冲器的距离	每半年
6	补偿链(绳)与轿厢、对重接合处	检查是否固定,有无松动	每半年
7	轿顶、轿厢架、轿门及其附件安装螺栓	检查是否紧固	每年
8	轿厢与对重的导轨和导轨支架	检查是否清洁,是否牢固、无松动	每年
9	轿厢称重装置	检查是否准确、有效	每年

任务实施

步骤一:重量平衡系统维护保养的前期工作。

①检查是否做好了电梯维保的警示及相关安全措施。

②向相关人员(如管理人员、乘客或司机)说明情况。

③按规范做好维保人员的安全保护措施。

④准备相应的维保工具。

步骤二:对重量平衡系统进行维护保养。

①维保人员整理清点维保工具与器材。

②放好“有人维修,禁止操作”的警示牌。

③将轿厢运行到基站。

④到机房将选择开关打到检修状态,并挂上警示牌。

⑤按表 8-1-1 所示项目进行维保工作。

⑥完成维保工作后,将检修开关复位,并取走警示牌。

步骤三:填写重量平衡系统维保记录单。

维保工作结束后,维保人员应填写维保记录单(见表 8-1-2)。

表 8-1-2　重量平衡系统维保记录单

序　号	维 保 内 容	维 保 要 求	完 成 情 况	备　注
1	维保前工作	准备工具		
2	检查对重装置	运行时无噪声		
3	检查对重块及压板	应压紧、无窜动		
4	检查对重与缓冲器距离	符合标准要求 (200~250 mm)		
5	检查补偿链与轿厢、对重结合处	应固定、无松动		
6	检查轿厢与对重的导轨和导轨支架	应清洁、牢固、无松动		
维保人员　　日期:　年　月　日				
使用单位意见: 使用单位安全管理人员:　日期:　年　月　日				

任务评价

(一)自我评价(40 分)

学生根据学习任务完成情况进行自我评价(见表 8-1-3)。

表 8-1-3　自我评价表

项 目 内 容	配　分	评 分 标 准	扣　分	得　分
1. 安全意识	10	1. 不按要求穿着工作服、戴安全帽、穿防滑电工鞋(扣 2 分) 2. 在轿顶操作不系好安全带(扣 2 分) 3. 不按要求进行带电或断电作业(扣 2 分) 4. 不按安全要求规范使用工具(扣 2 分) 5. 其他违反安全操作规范的行为(扣 2 分)		
2. 重量平衡系统维保	80	1. 维保前工具选择不正确(扣 10 分) 2. 维保操作不规范(扣 10~30 分) 3. 维保工作未完成(每项扣 10 分) 4. 维保记录单填写不正确、不完整(每项扣 3~5 分)		

续表

项 目 内 容	配 分	评 分 标 准	扣 分	得 分
3. 职业规范和环境保护	10	在工作过程中工具和器材摆放凌乱。 不爱护设备、工具、不节省材料。 在工作完成后不清理现场，在工作中产生的废弃物不按规定处置。		
自我评分=(1~3项总分)×40%				

签名________ ________年________月________日

(二)小组评价(30分)

同一实训小组同学进行互评填写见表8-1-4。

表8-1-4 小组评价表

项 目 内 容	配 分	评 分
实训记录与自我评价情况	30	
相互帮助与协作能力	30	
安全、质量意识与责任心	40	
小组评分=(1~3项总分)×30%		

参评人员签名________ ________年________月________日

(三)教师评价(30分)

指导教师结合自评与互评的结果进行综合评价(见表8-1-5)。

表8-1-5 综合评价

教师总体评价意见：	
教师评分(30分)	
总评分=自我评分+小组评分+教师评分	

教师签名________ ________年________月________日

任务二 轿厢系统维护保养

学习目标

1. 掌握电梯轿厢系统组成、构造和基本工作原理。
2. 掌握电梯轿厢系统的维护及保养方法。
3. 掌握电梯称重装置的维护及保养方法。

任务描述

轿厢系统电梯用于运送乘客或货物等，由轿厢体、轿厢架、轿门等组成。本任务主要学习电梯轿厢系统及称重装置的组成、构造和工作原理的学习以及对它们的维护保养方法的学习，掌握电梯轿厢系统机械故障的诊断与排除方法。

相关知识

一、轿厢系统的组成

1. 轿厢体

轿厢体是电梯用于运送乘客或货物的厢型构件，由加工成各种形状的部件用螺栓连接组装成形，由轿厢架立柱上的四组导靴定位，沿导轨作升降运动，完成装载任务。不同类型的轿厢如图8-2-1 所示。

图 8-2-1　轿厢的类型

轿厢体由轿厢壁、轿厢顶、轿厢底、轿门组成。

(1)轿厢壁

轿壁通常用厚度大于 1.5 mm 的薄钢板经折弯、铆接、焊接制成屏扇状，再由多块拼装组成。为了提升刚度和减弱振动，有些屏扇还在背面附设增强钢筋和黏涂阻尼材料。轿壁应具有的机械强度是用一个 300 N 的力，均匀地分布在 5 cm 的圆形或方形面积上，沿轿厢内向轿厢外方向垂直作用于轿壁的任何位置，轿壁应无永久变形，且弹性变形不大于 10mm。根据电梯分类和使用场合，依照客户在合同中的要求，轿壁正面可以喷漆，也可以贴敷饰面，亦可以配置各种各样的装潢，还可以装设各形各式的扶手和镜子。

(2)轿厢顶

轿厢顶是轿厢的上部顶盖，一般用与轿壁相同的材料制作。若设计在轿顶上安装开关门构、门电动机控制箱、轿内风扇、轿内照明等，则制作轿顶的钢板要厚于制作轿壁的钢板。由此保证轿顶的任何位置都能支撑两个人的体重，即在 0.2 m×0.2 m 面积上作用 1 000 N 的力，应无永久变形。同时，轿顶所用的玻璃应是夹层玻璃。并且，轿顶应有一块不小于 0.12 m^2的站人用的净面积,其短边(即最小宽边)不应小于 0.25 m。

固定于轿顶上梁处的滑轮(俗称轿顶反绳轮)应设置如图 8-2-2 所示的防护装置,钢丝绳因松弛而脱离绳槽和异物进入绳与绳槽之间,以避免造成人身伤害,所采用的防护装置应能见到旋转部件且不妨碍检查与维护工作。

当轿顶外侧边缘至井道壁有水平方向超过 0.3 m 的自由距离时,轿顶应装设护栏,如图 8-2-3 所示。护栏应装设在距轿顶边缘最大为 0.15 m 的范围之内。护栏的入口,应使人员能安全和容易地进入及撤出轿顶。护栏应由扶手、0.1 m 高的护脚板、位于 1/2 扶手高度处的中间栏杆组成。当护栏扶手外侧边缘至井道壁的水平自由距离小于 0.85 m 时,扶手高度应大于 0.7 m;当自由距离大于 0.85 m 时,扶手高度应大于 1.1 m。扶手外侧边缘和井道中的任何部件之间的水平距离不应小于 0.1 m。应有关于俯伏或斜靠护栏危险的警示符号或须知,固定在护栏的适当位置上。

图 8-2-2　轿顶反绳轮

图 8-2-3　轿顶护栏

(3)轿厢底

轿厢底是直接承受载荷的组件,主要由框架和地板构成。轿厢底依据负载称量机构的工作原理和安设方式分为活络型和固定型两种。其区别在于,当为活络型时,框架和地板之间采用弹性连接,负载称量的微动开关装在活动地板和下梁之间;而为固定型时,框架和地板之间使用刚性连接,负载称量的微动开关装在轿厢底与下梁之间。若用压电效应元件作为负载称量的传感器,则它们既可装在轿厢底与下梁之间,又可装在绳头板与上梁之间,也可装在框架和地板之间。框架常用角钢、槽钢或钢板型材制作;客梯地板常用面敷塑胶或石材的薄钢板制作;货梯地板常用花纹薄钢板直接铺设。为了保证机械强度,框架和地板的受力设计按 2 倍额定载荷计算。

对应轿厢入口的轿厢底一侧装有轿门地坎及护脚板。护脚板宽度应等于相应层站入口的整个净宽度;其垂直部分的高度不应小于 0.75 m;垂直部分以下应成斜面向下延伸;斜面与水平面的夹角应大于 60°,通常选择为 75°;且斜面在水平面上的投影深度不得小于 20 mm,一般取 50 mm。

2. 轿厢架

轿厢架是固定和支撑轿厢及附件的框架,如图 8-2-4 所示。轿厢架由上横梁(又叫上梁、横梁)、侧立梁(又叫立梁、立柱)、下底梁(又叫下梁、底梁)等承载构件组成。

轿厢架的上下梁还承托着许多关键的构件、部件、机件、组件和附件，如开关门机构、轿顶（即轿厢顶）电气中继控制箱、负载称量机构、平层感应器组件、随行电缆及悬挂附件、补偿链（绳）及悬挂附件等。

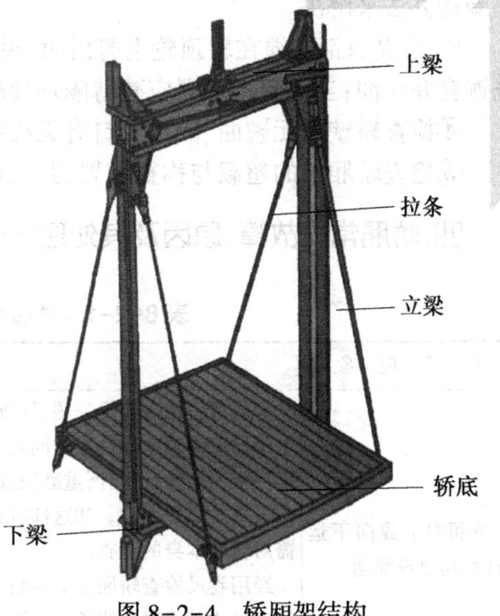

图 8-2-4　轿厢架结构

二、轿厢的称重装置

称重装置的作用是防止电梯发生超载事故，确保电梯安全运行。

当轿厢载员达到额定载荷的 110% 时，称重机构动作，切断电梯的关门和控制电路，使电梯不关门、不运行；同时，点亮超载信号灯，超载蜂鸣器响。

称重装置的常用方式有轿底称重式、轿顶称重式和机房称重式三种。轿底称重式灵敏度高，多用于客梯；轿顶称重式和机房称重式维修较方便，精度不高，多用于货梯。

三、轿厢系统保养要求

①检查轿厢架与轿厢体的连接。

A. 检查这两者之间的连接螺栓的紧固度，有无松动、错位、变形、脱落、锈蚀或零件丢等情况。

B. 当发现轿厢架变形（且变形不太厉害）时，可采取稍微放松紧固螺栓的办法，让其自然校正，然后再拧紧。但如果变形较严重，则要拆下重新校正或更换。

C. 当发现轿底不平时，可用胶片校平；在日常维保中，应保持轿厢体各组成部分的接合处在同一平面或相互垂直，应无过大的拼缝。

D. 此外，当电梯有发生紧急停车、卡轨或超载运行（超载保护装置不起作用）时，及时检查轿厢架与轿厢体四角接点的螺栓紧固和变形的情况。

E. 检查轿厢架与轿厢体连接的四根拉杆受力是否均匀，注意轿厢有无歪斜，造成轿门运动不灵活甚至造成轿厢无法运行；如这四根拉杆受力不匀，可通过拉杆上的螺母来进行。

②检查轿底、轿壁和轿顶的相互位置。

A. 检查这三者的相互位置有无错位，方法是：可用卷尺测量轿厢上、下底平面的对角线长度是否相等。

B. 当发现三者的位置相互错位时，应检查轿厢的安装螺钉是否松动轿底的刚性是否较差，并针对具体情况对应解决。

③检查轿顶轮（反绳轮）和绳头组合。

A. 检查轿顶轮有无裂纹、轮孔润滑是否良好、绳头组合有无松动、移位等。

B. 对轿顶轮上油处应定期加油；如果发现轿顶轮在转动时发出异响，说明已缺乏润滑应及时上油。

C. 当轿顶轮的转动有卡阻现象时，多数可能是铜套磨损变形或脏污造成的，可相应处理。

D. 当轿顶轮转动时有颠簸或有轴向窜动现象时，说明隔环端面磨损、轴向间隙大，可采用加垫圈的办法来解决。

E. 当曳引钢丝绳在轿顶轮上打滑时,说明轮内的铜套脏污或是隔环过厚无间隙,可用煤油清洗铜套并注油;当铜套过厚则应减薄隔环使轮的轴向间隙保持在 0.5 mm 左右。

④检查轿壁有无翘曲、嵌头螺钉有无松脱及振动异响;查出原因并作相应处理。

⑤检查轿厢上的超载与称重装置,其动作是否灵活可靠,有无失效,是否符合称重量。

四、轿厢常见故障、原因及其处理方法(见表 8-2-1)

表 8-2-1　轿厢常见故障、原因及其处理方法

故障现象	原因	处理方法
轿厢向上或向下运行时,均出现颤动	如果曳引机部分没问题,导轨、导靴也属于正常,故障的原因可能就是轿厢上的某个部位或部件出的问题。例如:当轿顶轮松动、轴向间隙过大、轮毂和隔环端面倾斜、绳槽严重磨损或是轿顶轮安装不平,以及轿厢架变形或位移,均会造成这种故障。如这部电梯没轿顶轮,以上的故障原因就不存在了。只需对轿厢本身的检查。 经用卷尺检查轿厢上下四角对角线,发现轿厢上由东南角到西北角的对角线明显比其他对角线长些。进一步检查,发现东南角的轿厢安装螺栓松动严重,而且西北角的螺栓也有点松动,其他两对角线处的连接螺栓也有点松动。初步证实是轿厢螺栓松动引起的故障	将轿厢上的四角接点螺栓均松动一致后,让其自然校正,随后逐步拧紧,并试验运行几次,然后重新进行校正及紧固螺栓
轿厢运行时有异常尖叫声,且越来越大	该台电梯轿厢顶上有轿顶轮,并发现在轿顶轮附近出现了磨出的铜末,问题可能就出在这里。为进一步证实,使电梯慢速下行,尖叫声虽然小些,但仍然有,并且是从轿顶轮处传出的。证实轿厢在运行中发出的尖叫声,是由于轿顶轮内铜套缺油,发生干磨,导致将铜套严重磨损,以致磨出了铜末	更换轿顶轮的铜套,并加润滑脂

任务实施

步骤一:电梯轿厢系统维护保养的前期工作。

①检查是否做好了电梯维保的警示及相关安全措施。

②向相关人员(如管理人员、乘客或司机)说明情况。

③按规范做好维保人员的安全保护措施。

④准备相应的维保工具。

步骤二:对电梯轿厢系统进行维护保养。

①维保人员整理清点维保工具与器材。

②放好“有人维修,禁止操作”的警示牌。

③将轿厢运行到基站。

④到机房将选择开关打到检修状态,并挂上警示牌。

⑤按表 8-1-1 所示项目进行维保工作。

⑥完成维保工作后,将检修开关复位,并取走警示牌。

步骤三:填写电梯轿厢系统维保记录单。

维保工作结束后,维保人员应填写维保记录单(见表 8-2-2)。

表 8-2-2　电梯轿厢系统维保记录单

序　号	维　保　内　容	维　保　要　求	完　成　情　况	备　注
1	维保前工作	准备工具		
2	检查轿厢	运行时无噪声		
3	检查轿厢底盘	水平度偏差≤2‰		
4	检查轿顶、轿厢架、轿厢门及其附件安装螺栓	是否紧固		
5	检查补偿链与轿厢、对重结合处	应固定、无松动		
6	检查轿厢与对重的导轨和导轨支架	应清洁、牢固、无松动		
维保人员　　　　日期：　年　月　日				
使用单位意见： 使用单位安全管理人员：　　日期：　年　月　日				

任务评价

(一)自我评价(40 分)

学生根据学习任务完成情况进行自我评价(见表 8-2-3)。

表 8-2-3　自我评价表

项　目　内　容	配　分	评　分　标　准	扣　分	得　分
1. 安全意识	10	1. 不按要求穿着工作服、戴安全帽、穿防滑电工鞋(扣 2 分) 2. 在轿顶操作不系好安全带(扣 2 分) 3. 不按要求进行带电或断电作业(扣 2 分) 4. 不按安全要求规范使用工具(扣 2 分) 5. 其他违反安全操作规范的行为(扣 2 分)		
2. 电梯轿厢系统维保	80	1. 维保前工具选择不正确(扣 10 分) 2. 维保操作不规范(扣 10~30 分) 3. 维保工作未完成(每项扣 10 分) 4. 维保记录单填写不正确、不完整(每项扣 3~5 分)		
3. 职业规范和环境保护	10	1. 在工作过程中工具和器材摆放凌乱(扣 3 分) 2. 不爱护设备、工具、不节省材料(扣 3 分) 3. 在工作完成后不清理现场,在工作中产生的废弃物不按规定处置(扣 4 分)		
自我评分=(1~3 项总分)×40%				

签名________　________年________月________日

（二）小组评价（30 分）

同一实训小组同学进行互评（见表 8-2-4）。

表 8-2-4 小组评价表

项 目 内 容	配 分	评 分
实训记录与自我评价情况	30	
相互帮助与协作能力	30	
安全、质量意识与责任心	40	
小组评分=（1~3 项总分）×30%		

参评人员签名________ ________年________月________日

（三）教师评价（30 分）

指导教师结合自评与互评的结果进行综合评价（见表 8-2-5）。

表 8-2-5 综合评价

教师总体评价意见：	
教师评分（30 分）	
总评分=自我评分+小组评分+教师评分	

教师签名________ ________年________月________日

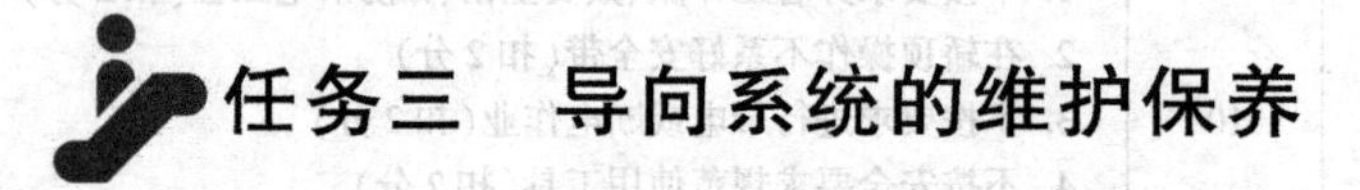

任务三 导向系统的维护保养

学习目标

1. 掌握电梯导向系统的组成。
2. 掌握电梯导向系统的维护及保养方法。
3. 掌握电梯补涨装置的维护及保养方法。

任务描述

导向系统是为轿厢和对重提供导向的刚性部件，限制轿厢和对重在水平方向的移动。本任务主要学习电梯导向系统的组成、构造和工作原理，以及它们的维护保养方法，以掌握电梯导向系统机械故障的诊断与排除方法。

相关知识

一、导向系统组成

电梯的导向系统包括轿厢导向系统和对重导向系统两种，这两种导向系统均由导轨、导轨支架和导靴三种机构组成。

1. 导轨

电梯导轨的种类通常以其横向截面的形状分类。有T形导轨、L形导轨和空心导轨等，如图8-3-1所示。

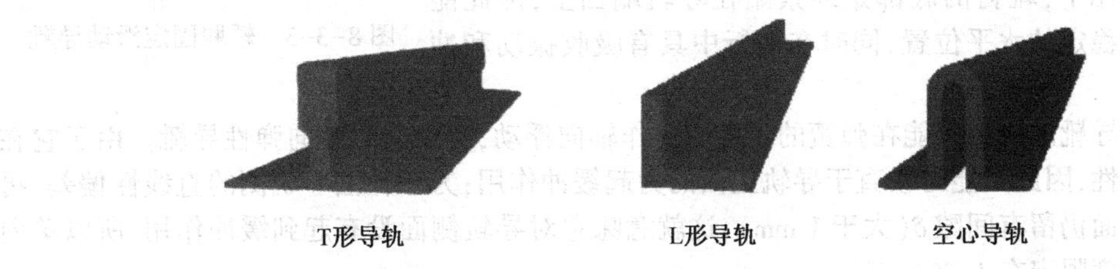

图8-3-1　导轨种类

电梯导轨使用T形为多数，底宽 b，高度 h 和工作面厚度 k，如图8-3-2所示。材料为Q235钢。导轨可用冷轧加工（代号A）和机械加工（代号B）。我国原先用 $b\times k$ 作为导轨规格标志。现在推广应用国际标准T形导轨，共有13个规格，以底面宽及工作面的加工方法：（即以"b/加工方法"）作为规格标 志，如T89/A(B)。

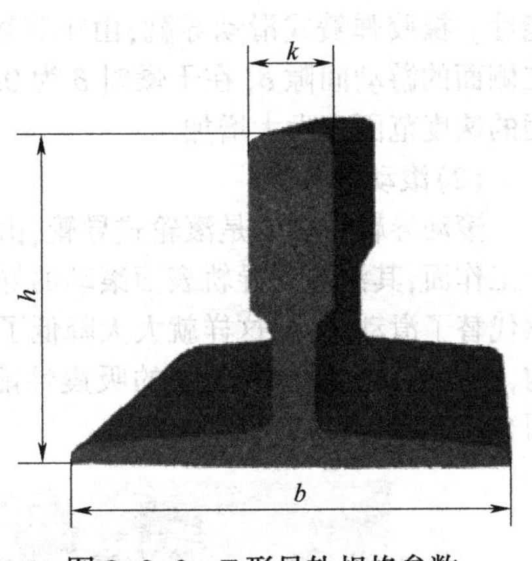

图8-3-2　T形导轨规格参数

2. 导轨支架

导轨支架也称导轨托架，是把导轨固定在电梯井道内的支撑件，设在井道壁、钢筋和中间支撑梁上，导轨支架由导轨压板安装其上。

按适用对象分，有轿厢导轨支架、对重导轨支架和轿厢对重导轨共用支架；按结构分，有整体式和组合式。整体式由型钢弯曲焊接而成，制造容易，强度高；组合式安装方便，尺寸可调节。

3. 导靴

导靴是设置在轿厢和对重装置上，利用导靴内的靴衬（或滚轮）在导轨面上滑动（或滚动）使轿重沿导轨上下运动的装置。

导靴一般设置在轿厢架主梁和对重架的4个角端，两个在上端，两个在下端。电梯的导靴可以分两大类：滑动导靴和滚动导靴。

（1）滑动导靴

靴衬在导轨上滑动，使轿厢和对重沿导轨运行的导向装置称为滑动导靴。滑动导靴常用于额定速度为2 m/s以下的电梯。滑动导靴按其靴头与靴座的相对位置固定与否，可分为固定滑动导靴和弹性滑动导靴。

①固定滑动导靴。一般用于载货电梯。货梯装卸货物时易产生偏载,使导靴受到较大的侧压力,要求导靴有足够的刚性和强度,固定式滑动导靴能满足此要求。这种滑动导靴一般由靴衬和靴座两部分组成,靴座一般是铸造或焊接而成。靴衬常用摩擦系数低、耐磨性好、滑动性能高的尼龙或聚酯塑料制成。这种导靴只用于额定速度不大于 0.63 m/s 的电梯。如图 8-3-3 所示。

图 8-3-3　轿厢固定滑动导靴

②弹性滑动导靴。弹性滑动导靴由靴座、靴头、靴衬、靴轴、压缩弹簧或橡胶弹簧、调节套或调节螺母组成。

弹性滑动导靴与固定滑动导靴的不同就在于靴头是浮动的,在弹簧力的作用下,靴衬的底部始终紧贴在导轨端面上,因此能使轿厢保持较稳定的水平位置,同时在运行中具有吸收振动和冲击的作用。

弹性滑动导靴的靴头只能在弹簧的压缩方向作轴向浮动,所以又叫单向弹性导靴。由于它在横向没有浮动性,因此只能对垂直于导轨正面的力起缓冲作用;为了补偿导轨侧的直线性偏差,再加之在导轨正面仍留有间隙 δ(大于 1 mm),这就意味它对导轨侧面没有起到缓冲作用,所以单向弹性导靴的速度限定在 1.75 m/s。

橡胶弹簧式滑动导靴的靴头除了可以作纵向浮动外,还可以作适量横向移动,具有一定的万能性。橡胶弹簧式滑动导靴,由于其靴头具有纵、横的浮动或移动,对侧面也能起到缓冲与减振,在侧面的游动间隙 δ(在干燥时 δ 为 0.25 mm 以下)可以取到较小量,所以它的工作性能良好,适用的速度范围也大大增加。

(2)滚动导靴

滚动导靴中主要是滚轮式导靴,由滚轮、弹簧、靴座、摇臂组成,以 3 个滚轮代替滑动导靴的 3 个工作面,其滚轮沿导轨表面滚动的导向装置为滚轮导靴。滚轮导靴以滚动代替滑动,以滚动摩擦代替了滑动摩擦,这样就大大降低了导靴与导轨的摩擦力。由于 3 个滚轮各自设有一套弹簧机构,滚轮的弹性支承有良好的吸震性能,使电梯运行平稳,舒适,噪声小,节约能源。滚动导靴如图 8-3-4 所示。

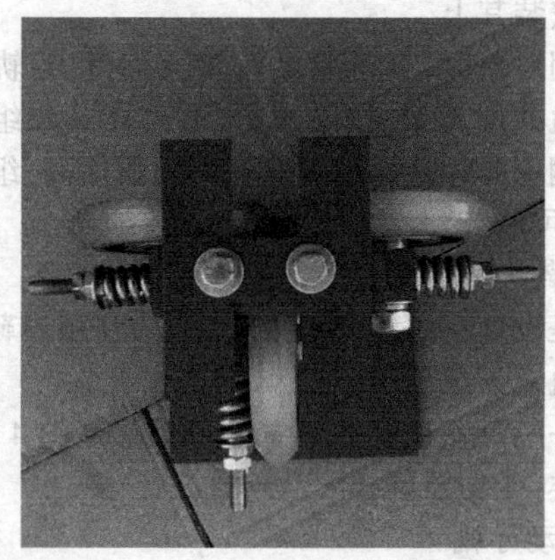

图 8-3-4　滚动导靴

滚轮导靴 3 个滚轮的接触压力可以通过弹簧机构加以调节,但必须注意滚轮对导轨的压力要一致,使导靴嘴到导轨两侧面间的间隙也一致,其误差应不大于 1 mm;滚轮不能歪斜,每个轮缘面与导轨工作面应均匀接触;滚轮导靴型号与导轨匹配,否则有脱落出轨的危险。为了保证滚轮正常滚动,导轨工作面不允许加润滑油,让滚轮导靴在干燥、洁净的导轨表面运转。

二、导向系统的维护保养要求

1. 导轨平面度的测量

由于导轨是电梯轿厢上的导靴和安全钳的穿梭路轨,所以安装时必须保证其间隙符合要求。导轨的连接采用连接板,连接板与导轨底部加工面的粗糙度为 Ra≤12.5 μm,导轨的连接如图 8-3-5 所示。连接板与导轨底部加工面的平面度不应大于 0.20 m,平面度测量如图 8-3-6 所示。

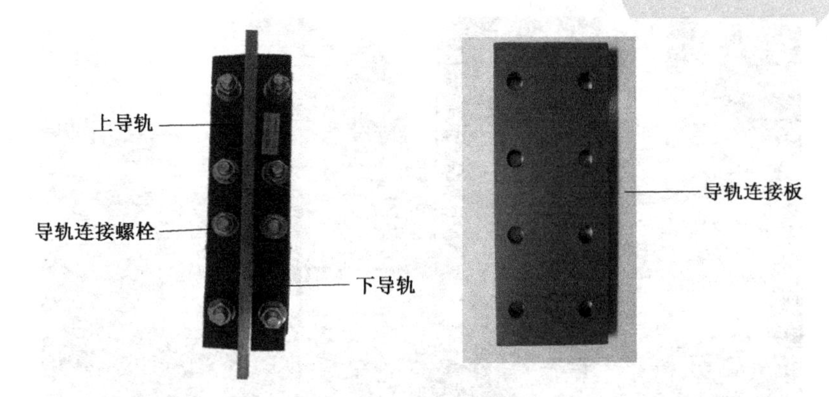

图 8-3-5　导轨连接

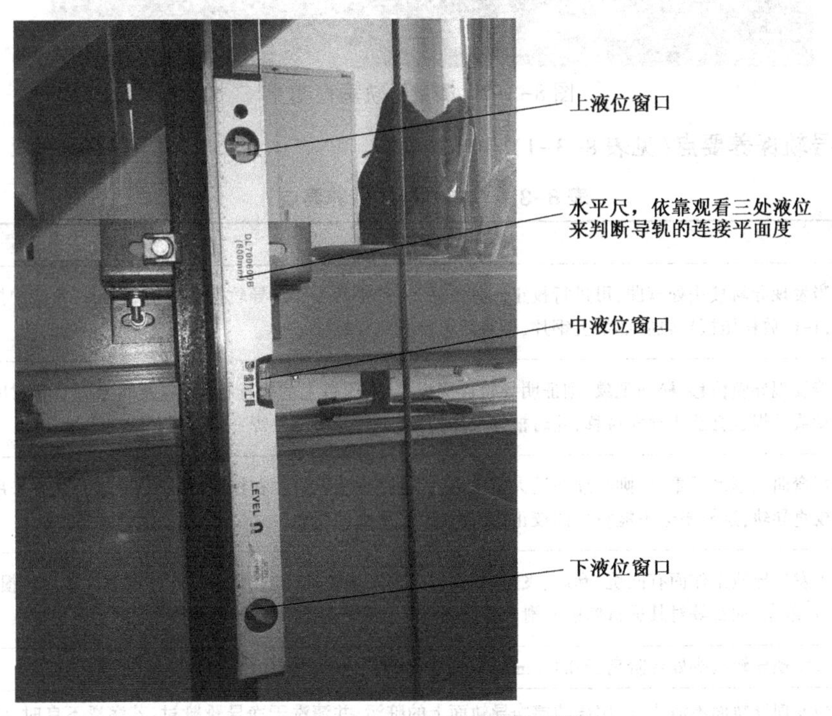

图 8-3-6　导轨连接平面测量

2. 导轨垂直度的测量

利用U形导轨卡板、线锤和直尺可以对导轨垂直度进行测量。导轨断面对底部加工面的垂直度在每100 mm测量长度上不应大于0.40 mm。导轨底部加工面对纵向中心平面的垂直度要求是:对于机械加工导轨在每100 mm测量长度上不应大于0.14 mm;对于冷轧加工导轨在每100 mm测量长度上不应大于0.29 mm。

垂直度测量方法是:

①U形导轨卡板在T形导轨上,线锤测量线通过U形导轨卡板中心。

②利用直尺测量测量线偏离U形导轨卡板中心位置距离。如图8-3-7所示。

图8-3-7 测量导轨垂直度

3. 电梯导轨保养要点(见表8-3-1)

表8-3-1 电梯导轨保养要点

序号	保养要点
1	当发现导轨接头处弯曲,可进行校正。其方法是:拧松两头邻近导轨接头压板螺栓,拧紧弯曲接头处的螺栓,在已放松压板导轨底部垫上钢片,调直后再拧紧压板螺栓
2	若发现导轨位移、松动现象,则证明导轨连接板、导轨压板上的螺栓松动,应及时紧固。有时因导轨支架松动或开焊也会造成导轨位移,此时根据具体情况,进行紧固或补焊
3	当弯曲的程度严重时,则必须在较大范围内,用上述方法调直。在校正弯曲时,绝对不允许采用火烤的方法校直导轨,这样不但不能将弯曲校正,反而会产生更大的扭曲
4	当发现导轨工作面有凹坑、麻斑、飞边、划伤以及因安全钳动作,或紧急停止制动而造成导轨损伤时,应用锉刀、纱布、油石等对其进行修磨光滑。修磨后的导轨面不能留下锉刀纹痕迹
5	若发现导轨接头处台阶高于0.05 mm时,应进行磨平
6	当发现导轨面不清洁,应用煤油擦净导轨面上的脏污,并清洗干净导靴靴衬;若润滑不良时,应定期向杯内注入同规格的润滑油,保证油量油质,并适当调整油毡的伸出量,保证导轨面有足够的润滑油

4. 导轨支架保养要点(见表 8-3-2)

表 8-3-2　导轨支架保养要点

序　号	保　养　要　点
1	定期检查导轨支架有否裂纹、变形、移位等,如发现及时处理
2	定期检查导轨支架焊接或紧固情况,若发现支架焊接不牢、已脱焊,应及时重新补焊;同时对紧固螺进行检查,有问题时,应随手紧固好
3	定期检查导轨支架的不水平度是否超差,支架有无严重的锈蚀情况

5. 导靴和油杯维保的内容和方法(见表 8-3-3)

表 8-3-3　导靴和油杯维保的内容和方法

维　保　周　期	维保内容和方法
周维保	1. 清理油杯表面和导靴及导轨面上是否有污物、灰尘
	2. 检查油杯是否出现漏油现象
	3. 油杯中油如果少于总油量的 1/3,则需要加注钙基润滑脂润滑油。加油后,操作电梯全程运行一次,观察导轨的润滑情况
	4. 检查油杯中油毡是否在导轨左右中分
	5. 检查油杯中的吸油毛毡是不是紧贴导轨面,油毡前侧和导轨顶面应无间隙
月度维保	1. 在轿顶检修运行电梯,并注意听导靴与导轨间是否有摩擦异响,如有,则要认真检查是否有导靴与导轨间凹凸不平、异物、碎片、导靴松动或润滑油不够等不良问题
	2. 检查电梯在运行过程中,轿厢晃动有没有过大。如是前后晃动,则是导靴与导轨面左右接触面距离过大,那么需要调整导靴橡胶弹簧的压紧螺栓;如是左右晃动,则是内靴衬与导轨端面接触面距离过大,需要调整导靴座上面的调整螺栓
	3. 操作电梯全程运行一次,对导靴与导轨接触面进行清洁
	4. 检查导靴衬磨损程度,如超出正常范围,需要更换靴衬
	5. 检查导靴衬两边是不是磨损不均匀,如是,则要更换靴衬;检查导靴安装是不是不对称,清洗(更换)油杯及油毡
年度维保	清洗(刚换)油杯及油毡

任务实施

步骤一:电梯导向系统维护保养的前期工作。

①检查是否做好了电梯维保的警示及相关安全措施。

②向相关人员(如管理人员、乘客或司机)说明情况。

③按规范做好维保人员的安全保护措施。

④准备相应的维保工具。

步骤二:对电梯导向系统进行维护保养。

①维保人员整理清点维保工具与器材。

②放好“有人维修,禁止操作”的警示牌。

③将轿厢运行到基站。

④到机房将选择开关打到检修状态,并挂上警示牌。

⑤从上一层厅门进入到轿厢顶部,把开关旋到检修位置。

⑥按表 8-3-5 所示项目进行维保工作。

⑦完成维保工作后,离开轿厢顶,将检修开关复位。

⑧到机房把检修开关复位,并取走警示牌。

步骤三:填写电梯导向系统维保记录单。

维保工作结束后,维保人员应填写维保记录单(见表 8-3-4)。

表 8-3-4　电梯导向系统维保记录单

序号	维保内容	维保要求	完成情况	备注
1	维保前工作	准备工具		
2	导轨	导轨接头无弯曲。导轨无位移、松动现象,导轨连接板、导轨压板上的螺栓紧固		
3		导轨工作面无凹坑、麻斑、飞边、划伤		
4		导轨接头处台阶低于 0.05 mm		
5		导轨面清洁,有足够的润滑油		
6	导轨支架	导轨支架无裂纹、变形、位移		
7		导轨支架紧固		
8		导轨支架水平度符合标准要求,支架无严重锈蚀情况		
9	导靴	靴衬中无异物、碎片等		
10		靴衬磨损正常		
11		导轨两边工作面间隙正常		
12		导靴磨损均匀		
13		导靴进行清洁		
14		导靴表面和连接处正常		
15		导靴中润滑油适合		
16		导靴连接紧固		
17	油杯	吸油毛毡齐全		
18		吸油毛毡紧贴导轨面		
19		油量适度,油杯无泄漏		
20		油毡在导轨左右中分		
21		油毡前侧和导轨顶面无间隙		
22		油杯无损坏		
23		清洁油杯		
24		更换油杯和毛毡		
维保人员　　　　　　　　日期：　　年　　月　　日				
使用单位意见:				
使用单位安全管理人员:　　　　日期:　　年　　月　　日				

任务评价

（一）自我评价（40分）

学生根据学习任务完成情况进行自我评价（见表8-3-5）。

表8-3-5　自我评价表

项目内容	配分	评分标准	扣分	得分
1. 安全意识	10	1. 不按要求穿着工作服、戴安全帽、穿防滑电工鞋（扣2分） 2. 在轿顶操作不系好安全带（扣2分） 3. 不按要求进行带电或断电作业（扣2分） 4. 不按安全要求规范使用工具（扣2分） 5. 其他违反安全操作规范的行为（扣2分）		
2. 导轨和导轨支架保养	20	1. 没有清洁导轨（扣5分） 2. 没有润滑导轨（扣5分） 3. 没有检查导轨的接头和工作面（扣5分） 4. 没有检查导轨架的紧固情况（扣5分）		
3. 导靴调整	20	1. 导靴与导轨间距不准确（扣6分） 2. 不会调整靴衬与导轨的距离（扣8分） 3. 不会调整导靴导向板与导轨前端面距离（扣6分）		
4. 油杯维保	20	1. 没有清洁导轨（扣5分） 2. 油毡没有紧贴导轨（扣5分） 3. 油杯前侧与导轨无缝隙（扣5分） 4. 油杯中润滑油类型加错或油量添加错误（扣5分）		
5. 导靴保养	20	1. 不能正确清洁导轨及导靴（扣5分） 2. 不会正确润滑导轨及导靴（扣5分） 3. 不会更换靴衬（扣5分） 4. 不了解导靴的保养周期（扣5分）		
6. 职业规范和环境保护	10	1. 在工作过程中工具和器材摆放凌乱（扣3分） 2. 不爱护设备、工具、不节省材料（扣3分） 3. 在工作完成后不清理现场，在工作中产生的废弃物不按规定处置（扣4分）		
自我评分=（1~6项总分）×40%				

签名________　________年________月________日

（二）小组评价（30分）

同一实训小组同学进行互评（见表8-3-6）。

表8-3-6　小组评价表

项目内容	配分	评分
实训记录与自我评价情况	30	
相互帮助与协作能力	30	

续表

项 目 内 容	配 分	评 分
安全、质量意识与责任心	40	
小组评分=(1~3 项总分)×30%		

参评人员签名________ ________年________月________日

(三)教师评价(30 分)

指导教师结合自评与互评的结果进行综合评价(见表 8-3-7)。

表 8-3-7 综合评价

教师总体评价意见:	
教师评分(30 分)	
总评分=自我评分+小组评分+教师评分	

教师签名________ ________年________月________日

任务四 平层、限位装置的维护保养

学习目标

1. 理解电梯平层装置的组成及工作原理。
2. 理解电梯限位装置的组成及工作原理。
3. 掌握电梯平层装置的维护及保养方法。
4. 掌握电梯限位装置的维护及保养方法。

任务描述

为了确保司机、乘用人员、电梯设备的安全,采用换速平层装置和限位开关装置来实现电梯安全可靠平层。

本任务通过电梯平层装置和限位开关装置的组成、构造和工作原理的学习以及对它们的维护保养方法的学习,掌握电梯平层装置和限位装置机械故障的诊断与排除方法。

相关知识

常用的换速平层装置有干簧管换速平层装置、光电开关换速平层装置和接近开关换速平层装置。

1. 干簧管换速平层装置

20 世纪 60 年代末至今,在我国生产的中低档电梯产品中大部分采用永磁式干簧管传感器作为换速平层装置。该装置由磁开关和隔磁板组成。磁开关一般装设在轿顶位置,隔磁板一般装设在井道中,其安装位置如图 8-4-1 所示。

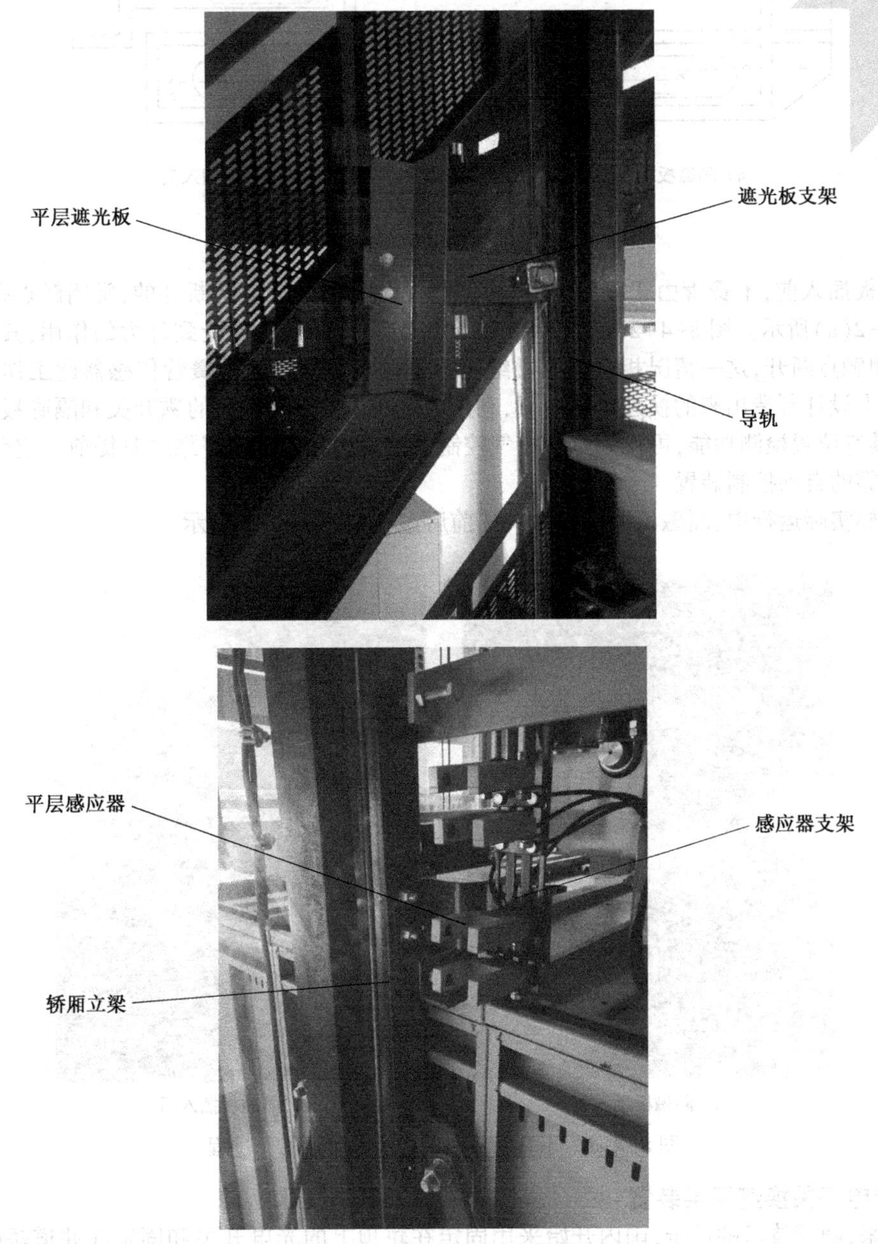

图 8-4-1 平层装置的安装位置

换速平层装置中的换速传感器和平层传感器在结构上是相同的,均由盒体、永久磁铁、干簧管三部分组成。这种传感器相当于一只永久式继电器,其结构和工作原理如图 8-4-2 所示。

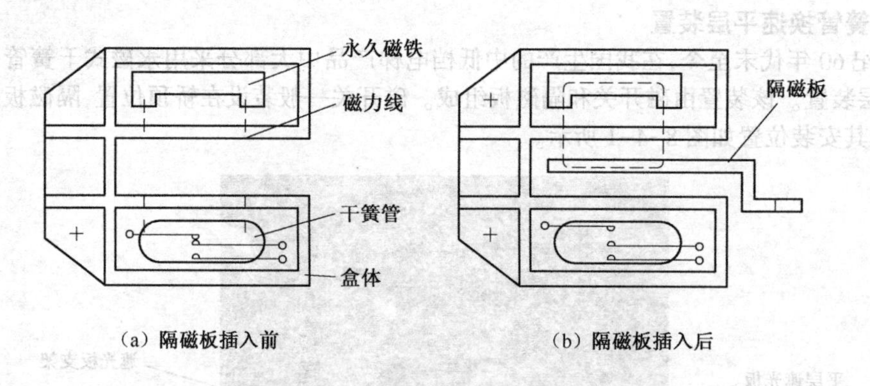

（a）隔磁板插入前　　（b）隔磁板插入后

图 8-4-2　干簧管的结构和工作原理

隔磁板插入前，干簧管由于没有受到外力的作用，其常开触点是断开的，常闭触点是闭合的，如图 8-4-2（a）所示。图 8-4-2（b）表示隔磁板插入后，干簧管由于受到外力的作用，其常开触点闭合，常闭触点断开，这一情况相当于电磁继电器得电动作。根据干簧管传感器此工作特性和电梯运行特点设计制造出来的换速平层装置，利用固定在轿架或导轨上的磁开关和隔磁板之间的相互配合，具有位置检测功能，可作为电梯电气控制系统实现到达预定停靠站时提前一定距离换速、平层时停靠的自动控制装置。

在电梯实际运行中，隔磁板插入磁开关的前后过程如图 8-4-3 所示。

（a）隔磁板插入前

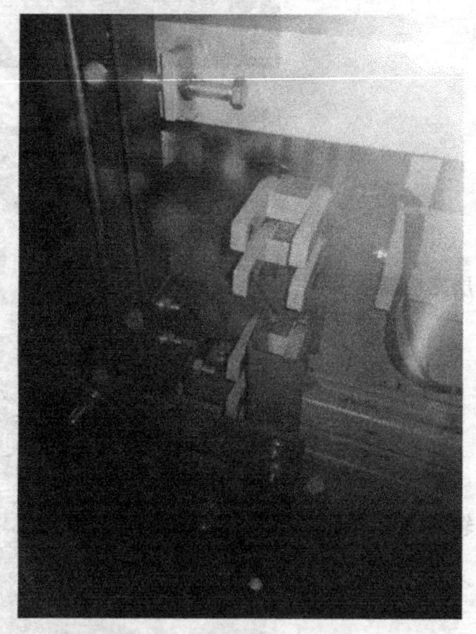

（b）隔磁板插入后

图 8-4-3　干簧管换速平层装置实际工作过程

2. 光电开关换速平层装置

近年来，随着技术的进步，国内开始采用固定在轿顶上的光电开关和固定在井道轿厢导轨上的遮光板构成光电开关装置，作为电梯换速平层停靠开门的控制装置。光电开关如图 8-4-4 所示，该装置的工作原理是遮光板路过光电开关的预定通道时，会隔断光电发射管与光电接收管之间的联系，进而由接收管实现电梯换速、平层停靠和开门控制的功能。这种装置具有结构简单、反应速度快、安全可靠等优点。在电梯实际运行过程中,遮光板固定在导轨架上,对应每个层站安装一个。光电开关安装在轿厢侧壁上,可随轿厢上下运动。

3. 接近开关换速平层装置

在各类开关中,有一种对接近它的物体有"感知"能力的元器件——位移传感器。利用位移传感器对接近物体的敏感特性达到控制开关通或断的目的,这就是接近开关,如图 8-4-5 所示。当有物体移向接近开关,并接近到一定距离时,位移传感器才有感知,开关才会动作。通常把这个距离称为"检出距离",检出距离一般都在毫米级范围内。利用接近开关的"感知"能力,把接近开关固定在导轨上,使其具有位置检测功能,可作为电梯电气控制系统实现到达预定停靠站时提前一定距离换速、平层时停靠的自动控制装置。这种装置具有不需要电源、灵敏准确、非接触式检测、寿命长、免维护等优点。

图 8-4-4 光电开关

图 8-4-5 接近开关

4. 限位开关装置

限位开关装置由强迫减速开关、终端限位开关、终端极限开关及相应的碰板、碰轮和联动机构组成,其结构如图 8-4-6 所示。限位开关装置的实物图如图 8-4-7 所示。

(1)强迫减速开关是电梯失控有可能造成冲顶或蹲底时的第一道防线。强迫减速开关由上、下两个开关组成,一般安装在井道的顶部和底部,当电梯失控,轿厢已到顶层或底层而不能减速停车时,装在轿厢上的碰板与强迫减速开关的碰轮相接触,使接点发出指令信号,迫使电梯减速后停驶。

(2)终端限位开关

当强迫减速开关失灵,或由于其他原因造成轿厢超越端站楼面上定距离时,终端限位开关会切断电梯上下运行控制电路,强迫电梯立即停靠。终端限位开关由上、下两个开关组成,一般分别安装在井道的顶部和底部,在强迫减速开关之后。

(3)终端极限开关

当终端限位开关装置失灵,或其他原因造成轿厢超越端站楼面 100~150 mm 距离时,终端极限开关会切断电梯主电源。终端极限开关采用与强迫减速开关和终端限位开关相同的限位开关,设置在终端限位开关之后的井顶部或底部,用支架板固定在导轨上。当轿厢地坎超越上下端站 20 mm,且轿厢或对重接触缓冲器之前动作,其动作是由装在轿厢上的碰板触动终端极限开关,断开主接触器,使曳引电动机停止转动,轿厢停止运行。

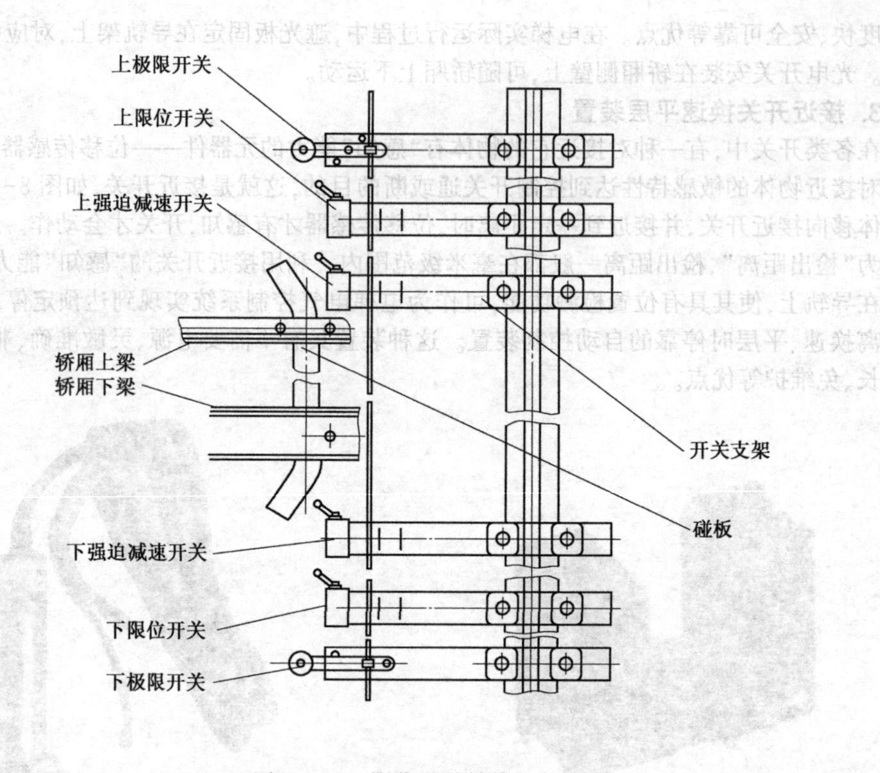

图 8-4-6 限位开关结构

图 8-4-7 限位开关实物图

5. 电梯的平层标准与平层装置的安装要求

(1)平层标准

根据《电梯制造与安装安全规范》(GB 7588—2003),电梯平层的准确度应符合下列规定:

①额定速度≤0.63 m/s 的交流双速电梯,应在±15 mm 的范围内。②额定速度大于 0.63 m/s 且小于等于 1.0 m/s 的交流双速电梯,应在±30 mm 的范围内。③其他调速方式的电梯,应在±15 mm的范围内。

(2)平层装置的安装要求

当电梯平层时,调节遮光板与平层感应器的基准线在同一条直线上,也就是遮光板正好插在感应器的中间,以使轿门地坎与该层的地面相平齐。当遮光板与平层感应器之间间隙不均匀时,应进行调整准确。

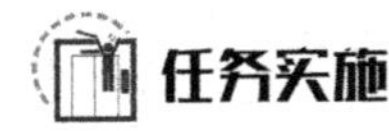

任务实施

步骤一:电梯平层装置维护保养的前期工作。

①在轿厢内或入口的明显处设置"检修停用"标志牌。

②让无关人员离开轿厢和检修工作场地,需用合适的护栅挡住入口处以防无关人员进入。

③检查电梯发生故障的警示及相关安全措施的完善状况。

④向相关人员(如管理人员、乘客或司机)了解电梯的故障情况。

⑤按规范做好维修人员的安全保护措施。

步骤二:排除故障一。

1. 故障现象

轿厢停靠某一楼层站(如一楼)时,轿门地坎明显高于厅门地坎,如图 8-4-8 所示。在其他楼层站的停靠则无这种现象。

图 8-4-8　故障一现象

2. 故障分析

轿厢停靠其他楼层时均能够准确停靠,说明平层感应器及平层电路均正常,故障可判定是出在该楼层遮光板的定位上。

3. 故障排除过程

①设置维修警示栏及做好相关安全措施。

②测量出轿门地坎与厅门地坎的高度差并作记录，如图 8-4-9 所示 。

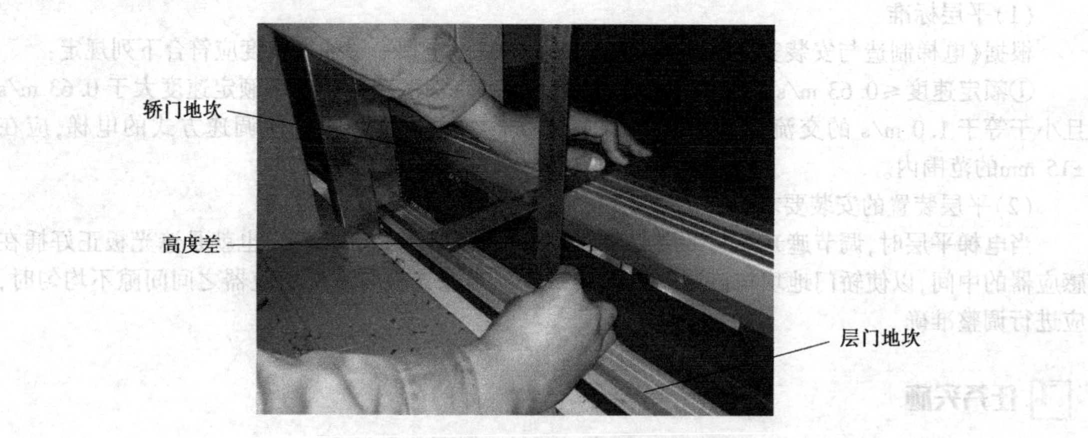

图 8-4-9　轿门地坎和层门地坎高度差

③按规范程序进入轿顶，调节该楼层的平层遮光板。因为是轿厢高，所以应把遮光板垂直往下调，下调尺寸就是刚才测量出的数据，调整时先在遮光板支架的原始位置做个记号，然后用工具把支架固定螺栓拧松 2~3 圈，用胶锤往下敲击遮光板支架达到应要下调尺寸。注意要垂直下调，而且调整完后要复核支架的水平度以及遮光板与感应器配合的尺寸要均匀。调节平层遮光板如图 8-4-10 所示。

图 8-4-10　调节平层遮光板

④调节完毕后退出轿顶，恢复电梯的正常运行，验证电梯是否平层，如果还是不平层，再微调遮光板直至完全平层，最后紧固支架螺栓。

步骤三：排除故障二。

1. 故障现象

轿厢在全部楼层站停靠时轿门地坎都低于厅门地坎。

2. 故障分析

轿厢停靠每层层站时都能停靠但都无法准确平层，说明平层感应器及平层电路均正常，故障可判定出在轿厢上的平层感应器的位置调校上。

3. 故障排除过程

①设置维修警示栏及做好相关安全措施。

②测量出轿门地坎与厅门地坎的高度差并作记录。

③按规范程序进入轿顶，调节轿顶上的平层感应器，因为是轿厢低，所以应把传感器垂直往下调，具体下调尺寸就是刚才测量出的数据，调整时先在传感器的原始位置做个记号，然后用工具把传感器固定螺栓拧松，用手移动传感器达到应要下调的尺寸，注意要垂直下调，而且调整完后要复核遮光板与感应器配合的尺寸要均匀。

④调节完毕后退出轿顶，恢复电梯的正常运行，验证电梯是否平层，如果还是不平层再微调感应器，直至完全平层。

步骤四：填写维修记录单。

检修工作完成后，维修人员须填写维修记录单，经自己签名并经用户签名确认后方可结束检修工作。电梯维修记录单的格式可参照表 8-4-1。

表 8-4-1　电梯维修记录单

用户地址：________电梯编号：________维修时间：　年　月　日　时

序号	故障现象	维修记录
故障 1		故障原因： 故障部位： 检查方法： 排除方法：
故障 2		故障原因： 故障部位： 检查方法： 排除方法：
故障 3		故障原因： 故障部位： 检查方法： 排除方法：
故障 4		故障原因： 故障部位： 检查方法： 排除方法：
故障 5		故障原因： 故障部位： 检查方法： 排除方法：

维修人员签名：　　　　　　　　　　用户签名：

任务评价

(一)自我评价(40分)

学生根据学习任务完成情况进行自我评价(见表8-4-2)。

表8-4-2 自我评价表

项目内容	配 分	评分标准	扣 分	得 分
1. 安全意识	10	1. 不按要求穿着工作服、戴安全帽、穿防滑电工鞋(扣2分) 2. 在轿顶操作不系好安全带(扣2分) 3. 不按要求进行带电或断电作业(扣2分) 4. 不按安全要求规范使用工具(扣2分) 5. 其他违反安全操作规范的行为(扣2分)		
2. 故障一的检修	40	1. 故障判断正确,但平层超过30 mm(扣10分) 2. 故障判断正确,但调错方向(扣20分) 3. 平层准确度大于10 mm小于20 mm(扣5分) 4. 维修记录单内容共4项,填写不正确(扣5分)		
3. 故障二的检修	40	1. 故障判断正确,但平层超过30 mm(扣10分) 2. 故障判断正确,但调错方向(扣20分) 3. 平层准确度大于10 mm小于20 mm(扣5分) 4. 维修记录单内容共4项,填写不正确(扣5分)		
4. 职业规范和环境保护	10	1. 在工作过程中工具和器材摆放凌乱(扣3分) 2. 不爱护设备、工具、不节省材料(扣3分) 3. 在工作完成后不清理现场,在工作中产生的废弃物不按规定处置(扣4分)		
自我评分=(1~4项总分)×40%				

签名________ ________年________月________日

(二)小组评价(30分)

同一实训小组同学进行互评(见表8-4-3)。

表8-4-3 小组评价表

项 目 内 容	配分	评分
实训记录与自我评价情况	30	
相互帮组与协作能力	30	
安全、质量意识与责任心	40	
小组评分=(1~3项总分)×30%		

参评人员签名________ ________年________月________日

(三)教师评价(30分)

指导教师结合自评与互评的结果进行综合评价(见表8-4-4)。

表 8-4-4　教师评价

教师总体评价意见：	
教师评分(30分)	
总评分=自我评分+小组评分+教师评分	

教师签名________　________年________月________日

思考与练习

一、填空题

1. 电梯平层精度应符合以下要求：额定速度运 0.63 m/s 的交流双速电梯，应在________的范围内；额定速度>0.63 m/s 且<1.0 m/s 的交流双速电梯，应在________的范围内；其他调速方式的电梯，应在________的范围内。

2. 电梯平层装置一般由________和________组成。

二、选择题

1. 当电梯个别楼层不平层，应该优先调整(　　)。

A. 平层插板　B. 平层感应器　C. 旋转编码器　D．轿厢

2. 当电梯全部楼层都不平层，应该优先调整(　　)。

A. 平层插板　B. 平层感应器　C. 旋转编码器　D. 轿厢

3. 平层感应器安装在轿顶横梁上，利用装在轿厢导轨上的隔磁板(遮光板)，使感应器动作，控制(　　)。

A. 轿厢上升　B. 轿厢下降　C. 轿厢速度　D. 平层开关

4. 维修人员对电梯进行维护修理前，应在轿厢内或人口的明显处挂上(　　)标牌。

A.“注意安全”　B.“保养照常使用”

C.“有人操作，禁止合闸”　D.“检修停用”

5. 电梯的基本结构可分为机房、井道、(　　)和层站四大空间。

A. 底坑　B. 轿厢　C．控制柜　D. 梯级

6. 轿厢超载的定义是(　　)。

A. 超过额定载重量的 5%且至少为 50 kg

B. 超过额定载重量的 10%且至少为 75 kg

C. 超过额定载重量的 15%且至少为 100 kg

D.超过额定载重量额 20%且至少为 150 kg

7. 当轿厢内的载重量达到额定载重量的 80%～90%时，(　　)应动作。

A. 限位开关　B. 超载快关　C. 满载开关　D. 减速开关

8. 电梯的轿厢装有超载保护装置，以下说法错误的是(　　)。

A. 超载保护装置可装在轿顶

B. 超载保护装置可装在轿底

C. 超载保护装置可装在底坑

D. 超载保护装置可装在机房

9. 具有满载直驶功能的电梯，当满载开关动作后，(　　)。

A. 电梯不再响应内选信号

B. 电梯只响应外召信号

C. 电梯不关门，超载铃报警

D. 电梯不再响应外召，只响应内选信号

10. 当超载开关动作后，(　　)。

A. 电梯不再响应内选信号

B. 电梯只响应外召信号

C. 电梯不关门，超载铃报警

D. 电梯不再响应外召，只响应内选信号

11. 电梯轿厢导靴一般有(　　)个。

A. 2　　B. 4　　C. 6　　D. 8

12. 电梯产品中常用的导靴分两类，分别为(　　)。

A. 滚动导靴和滑轮导靴

B. 刚性滑动导靴和弹性滑动导靴

C. 滚动导靴和刚性滑动导靴

D. 滚动导靴和弹性滑动导靴

13. 为了减小导靴在电梯运行过程中的摩擦力，当电梯的额定运行速度达到(　　)m/s 以上时，应采用滚动导靴。

A. 1　　B. 2　　C. 3　　D. 4

14. 滚动导靴的工作特点是(　　)。

A. 需要在导轨工作面加油

B. 摩擦损耗减小

C. 与导轨摩擦较大

D. 舒适感差

15. 滚动导靴的导轨面上加润滑油会导致(　　)。

A. 滚轮更好转动

B. 滚轮打滑，加速滚轮橡胶老化

C. 减少噪声

D. 更好工作

16. 滚动导靴的(　　)个滚轮在弹簧力的作用下，压贴在导轨的工作面上。

A. 1　　B. 2　　C. 3　　D. 4

17. 轿厢、对重各自应至少由(　　)根刚性的钢制导轨导向。

A. 1　　B. 2　　C. 3　　D. 4

18. 客梯广泛使用的导轨有(　　)形导轨、L 形导轨和空心型导轨 3 种。

A. Ω　　B. Ⅰ　　C. T　　D. Ⅱ

19. 电梯导轨的安装，是用(　　)把导轨固定在导轨支架上的。

A. 螺栓　　B. 压码　　C. 梢钉　　D. 铆钉

20. 校正导轨接头的平直度时，应拧松(　　)，逐根调直。

A. 导轨支架固定螺栓

B. 两头邻近的导轨连接板螺栓

C. 所有螺栓

D. 压轨板

21. 平衡补偿装置悬挂在对重和轿厢的(　　)。

A. 底部　　B. 上面　　C. 左侧面　　D. 右侧面

22. 对重、轿厢分别悬挂在曳引绳两端,对重起到平衡(　　)重量的作用。

A. 钢丝绳　　B. 轿厢　　C. 电梯　　D. 电缆

23. 电梯的平衡系数为0.5,当对重和轿厢的质量相等时,电梯处于平衡状态,此时轿厢内的载荷应为(　　)。

A. 空载　　B. 半载　　C. 满载　　D. 超载

24. 曳引式客梯的平衡系数应为(　　)。

A. 0.20~0.25　　B. 0.40~0.50　　C. 0.50~0.75　　D. 0.75~1.00

25. 电梯常用的补偿装置有补偿链、补偿绳和(　　)三种。

A. 补偿块　　B. 补偿线　　C. 补偿缆　　D. 补偿环

26. 电梯的额定载重量和轿厢自重约为2 000 kg,对重质量为2 900 kg,则平衡系数为(　　)。

A. 0.40　　B. 0.45　　C. 0.50　　D. 0.55

27. 平衡系数0.5的电梯,源在额定频率、额定电压条件下,空载上行与满载下行的工作电流是(　　)。

A. 空载下行大,满载上行小　　B. 空载下行小,满载上行大

C.基本相同　　D.无法确定

28.一台载货电梯,额定载重量为1 000 kg;交响自重为1 200 kg;平衡系数设为0.5;对重的总质量应为(　　)kg。

A. 1 600　　B. 1 700　　C. 1 800　　D. 2 200

29. 在电梯安装中,常采用(　　)的方法确认电梯平衡系数是否符合设计要求。

A. 称量对重质量　　B. 根据对重块系数估算

C. 钳形电流表测电流　　D. 绝缘表测电阻

三、判断题

1. 电梯轿厢在二楼不平层,轿门地坎低于厅门地坎,调整的方法是:把二楼的平层插板往下调。(　　)

2. 电梯不平层故障只需调整平层感应器或平层插板的位置,而不需要或不考虑调整其他部件就可解决故障问题。(　　)

3. 电梯试运行时,各层厅门必须设置防护栏。(　　)

4. 层门和轿门与周围的缝隙和门扇之间的缝隙要求货梯不大于10 mm。(　　)

项目九

电梯曳引系统的维护与保养

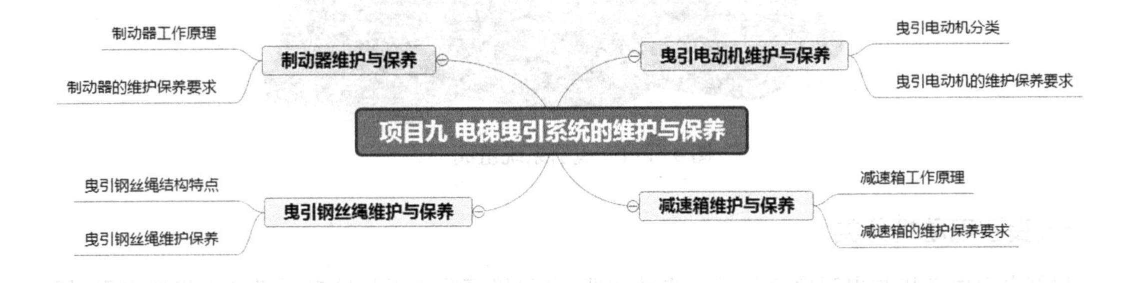

任务一　曳引电动机维护与保养

学习目标

1. 了解曳引系统的组成。
2. 掌握曳引电动机的分类组成。
3. 掌握曳引电动机维护保养的内容和要求。

任务描述

曳引机是电梯的动力来源，通过向电梯输送与传递动力，让电梯运行起来。

本任务主要学习电梯曳引机的分类以及电梯曳引电动机的维护保养方法，来掌握电梯曳引电动机机械故障的诊断与排除方法。

相关知识

电梯曳引系统主要由曳引电动机、制动器、减速箱、曳引轮、导向轮及曳引钢丝绳组成，如图9-1-1所示。主要功能是输出和传递动力，使电梯运行。

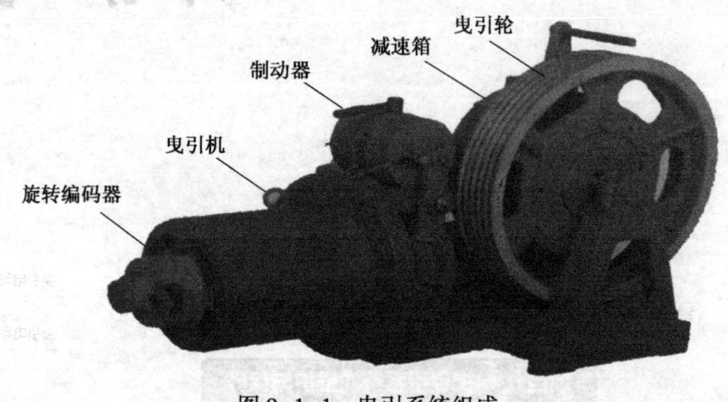

图9-1-1　曳引系统组成

一、曳引电动机分类

根据曳引电动机与曳引轮之间是否有减速器，曳引机可分为无齿轮曳引机和有齿轮曳引机两大类，如图9-1-2所示。无齿轮曳引机由于没有减速器这一中间减速环节，所以传动效率高、噪声小、传动平稳，但是存在能耗大、造价高、维修不便等缺点，因而限制了它的应用。目前，无齿轮曳引机多用在速度大于2.0 m/s的电梯上。有齿轮曳引机的技术比较成熟，其拖动装置的动力是通过中间的减速箱传递到曳引轮上。这种传动方式具有传动比大、运行平稳、噪声低、体积小的优点，广泛应用于速度小于或等于2.0 m/s的电梯上。

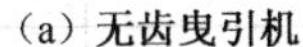

（a）无齿曳引机　　（b）有齿曳引机

图 9-1-2　曳引电动机分类

二、曳引电动机的维护保养要求

1. 曳引电动机的检查

①检查电动机的绝缘电阻。用绝缘电阻表测量电动机每相绕组之间和每相绕组对地(即对机壳)的绝缘电阻,如果低于 0.5 MΩ,则应对电动机绕组作绝缘干燥处理。

②用钳形电流表测量电动机在高、低速时的电流值是否符合要求,三相电流是否平衡;用电压表测量电动机的电源电压是否符合要求。

③电动机应保持清洁,防止水和油污浸入电动机内部。每周用风筒吹净电动机内部和换向器线圈连接线与引出线的灰尘。

④检查电动机油槽的油位,应保持在油位线以上,否则应补注油。同时要检查油的清洁度,发现有杂质时应及时清洗换油。换油时应将原有油全部放完,用煤油清洗干净后再注入同规格的新油。

⑤注意检查电动机运转时的声音。电动机在运转时应无大的噪声,如发现有异常声响要及时停机检查。

A. 如果发现电动机各部分振幅及轴向窜动超过表 9-1-1 和表 9-1-2 的规定,且声音不正时,应检查原因、进行修理或更换零件。

表 9-1-1　曳引电动机振幅允许值

电动机转速/(r/min)	1 000	<750
振幅允许值/mm	0.13	0.16

表 9-1-2　滑动轴承电动机振幅机轴向允许窜动量

电动机功率/kW	≤10	10~20	>30
滑动轴承电动机振幅机轴向允许窜动量/(单面/mm)	0.50	0.74	1.00

B. 若轴承磨损过大,定子与转子间径向气隙最大偏差超过 0.2 mm 时,应更换轴承。

⑥电动机与底座的紧固螺栓应紧固。对于有减速器的曳引机,电动机轴与蜗杆同轴,对于刚

性连接的不同轴度应不大于 0.02 m,弹性连接的应不大于 0.1 mm。

2. 曳引电动机的维保内容及方法(见表 9-1-3)

表 9-1-3 曳引电动机维保内容及方法

序号	部　位	维保内容	维保周期
1	电动机滚动轴承	补充注油	每半月
2		清洗换油	每年
3	电动机滑动轴承	补充注油	每半月
4	电动机运行噪声	应无异常噪声	每半月
5	电动机电源	测量电动机电源引入线电压应为额定电压的±7%	每半月
6	电动机绝缘电阻	测量电动机每相绕组之间和每相绕组对地的绝缘电阻应大于 0.5 MΩ	每半月

任务实施

步骤一:曳引电动机维护保养的前期工作。

①检查是否做好了电梯维保的警示及相关安全措施。

②向相关人员(如管理人员、乘客或司机)说明情况。

③按规范做好维保人员的安全保护措施。

④准备相应的维保工具。

步骤二:对曳引电动机进行维护保养。

①维保人员整理清点维保工具与器材。

②放好“有人维修,禁止操作”的警示牌。

③将轿厢运行到基站。

④到机房将选择开关打到检修状态,并挂上警示牌。

⑤按表 9-1-3 所示项目进行维保工作。

⑥完成维保工作后,将检修开关复位,并取走警示牌。

步骤三:填写曳引电动机维保记录单。

维保工作结束后,维保人员应填写维保记录单(见表 9-1-4)。

表 9-1-4 曳引电动机维保记录单

序号	维保内容	维保要求	完成情况	备注
1	维保前工作	准备工具		
2	电动机轴承换油			
3	电动机运行噪声	应无异常噪声		
4	电动机电源电压	应为额定电压的±7%		
5	电动机绝缘电阻	应大于 0.5 MΩ		

续表

序号	维保内容	维保要求	完成情况	备注
维保人员　　　　　　　　日期：　　年　　月　　日				
使用单位意见： 使用单位安全管理人员：　　日期：　　年　　月　　日				

任务评价

(一)自我评价(40分)

学生根据学习任务完成情况进行自我评价(见表9-1-5)。

表9-1-5　自我评价表

项目内容	配分	评 分 标 准	扣分	得分
1. 安全意识	10	1. 不按要求穿着工作服、戴安全帽、穿防滑电工鞋(扣2分) 2. 在轿顶操作不系好安全带(扣2分) 3. 不按要求进行带电或断电作业(扣2分) 4. 不按安全要求规范使用工具(扣2分) 5. 其他违反安全操作规范的行为(扣2分)		
2. 曳引电动机维护保养	80	1. 维保前工具选择不正确(扣10分) 2. 维保操作不规范(扣10~30分) 3. 维保工作未完成(每项扣10分) 4. 维保记录单填写不正确、不完整(每项扣3~5分)		
3. 职业规范和环境保护	10	1. 在工作过程中工具和器材摆放凌乱(扣3分) 2. 不爱护设备、工具、不节省材料(扣3分) 3. 在工作完成后不清理现场,在工作中产生的废弃物不按规定处置(扣4分)		
自我评分=(1~3项总分)×40%				

签名________　________年________月________日

(二)小组评价(30分)

同一实训小组同学进行互评(见表9-1-6)。

表9-1-6　小组评价表

项目内容	配　分	评　分
实训记录与自我评价情况	30	
相互帮助与协作能力	30	
安全、质量意识与责任心	40	
小组评分=(1~3项总分)×30%		

参评人员签名________　________年________月________日

（三）教师评价（30 分）

指导教师结合自评与互评的结果进行综合评价（见表 9-1-7）。

表 9-1-7 教师评价

教师总体评价意见：	
教师评分（30 分）	
总评分=自我评分+小组评分+教师评分	

教师签名________ ________年________月________日

任务二 减速箱维护与保养

学习目标

1. 掌握减速箱的分类组成。
2. 掌握减速箱维护保养的内容和要求。

任务描述

电梯曳引机中的减速箱是用来降低曳引机输出转速、增加输出转矩的。

本任务主要学习电梯减速箱的构造和工作原理，以及维护保养方法，掌握电梯减速箱的维护与保养。

相关知识

一、减速箱工作原理

1. 联轴器

联轴器是连接减速器蜗杆和曳引电动机轴的装置，用以传递由一根轴延续到另一根轴上的转矩，又是制动器装置的制动轮，如图 9-2-1 所示。联轴器安装在曳引电动机轴端与减速蜗杆轴端的汇合处。因此联轴器的外圆，即为曳引机电磁制动器的制动面。安装联轴器前要作动平衡试验，一般使其轮缘处的不平衡量应小于 2 g。安装后，要求外圆上的径向跳动不应超过直径 1/3 000。

图 9-2-1 联轴器

2. 减速箱分类

根据蜗杆在蜗轮的位置，将减速箱分为蜗杆上置式减速箱和蜗杆下置式减速箱（见图 9-2-2）。

①蜗杆上置式：蜗杆置于蜗轮上面的称蜗杆上置式结构。此结构在蜗轮蜗杆齿的啮合面不易进入杂物，但润滑性较差，必须采用高黏度齿轮油润滑。对于这种结构的电动机多采用端置式，安装维修方便。

②蜗杆下置式：蜗杆置于蜗轮下面称蜗杆下置式结构电动机多为底置式。此结构蜗杆可浸在减速箱体的润滑油中，使齿的啮合面可得到充分润滑，但蜗杆的伸出端要有良好密封，防止箱体内润滑油渗漏。

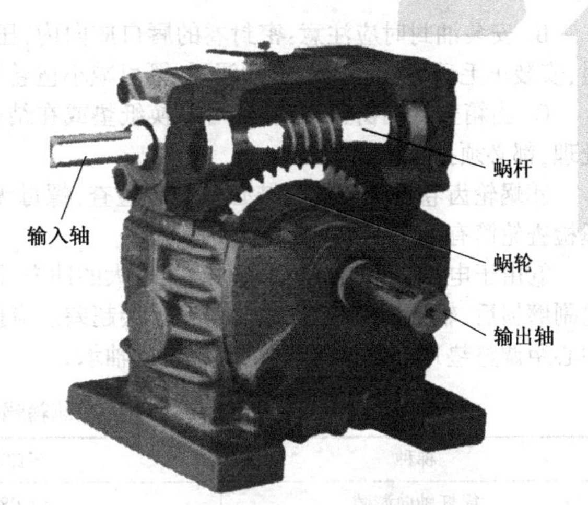

图 9-2-2 蜗杆上置式减速机

二、减速箱的维护保养要求

1. 减速箱的检查

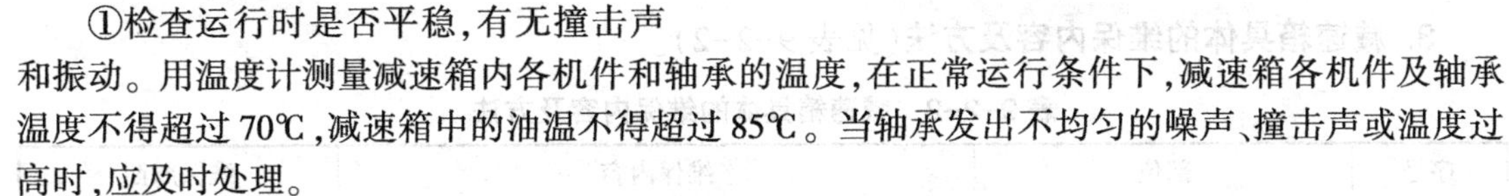

①检查运行时是否平稳，有无撞击声和振动。用温度计测量减速箱内各机件和轴承的温度，在正常运行条件下，减速箱各机件及轴承温度不得超过 70℃，减速箱中的油温不得超过 85℃。当轴承发出不均匀的噪声、撞击声或温度过高时，应及时处理。

②停机检查，打开箱盖，用手转动电动机，检查减速器蜗轮与蜗杆合是否正常，两者有无撞击、有无产生轮齿磨损。

③检查减速箱内润滑油的质量是否符合规格、油量是否保持在油针或油镜的标定范围，如发现油已变质或有金属颗粒时，应及时换油。

④检查轴承、箱盖、油盖窗及轴头处等结合部位有无漏油现象。一旦发现有漏油，应根据情况及时处理并补充规格相同的润滑油。

⑤检查与减速箱相连的其他部件，在配合上有无松动或有无损坏现象。

2. 减速箱的维保内容及方法

①当发现减速箱内蜗轮与蜗杆啮合轮齿侧间隙超过 1 mm，并在运转中产生猛烈撞击时；或轮齿磨损量达到原齿厚的 15% 时，应予更换；且为保证啮合性，蜗轮与蜗杆要成对更换。

②换油。

A. 应更换相同规格的润滑油，绝不允许两种以上的油混合使用。

B. 一般每年更换一次润滑油；对新安装的电梯，在半年内应检查减速箱内的润滑油，如发现油内有杂质，应更换新油。

C. 润滑油的加入要适量，过多会引起发热，并使油质快速变质，不能使用；油的合理高度是：当蜗杆在下面时，最高浸到蜗杆的中心，最低浸到蜗杆的齿高；当蜗杆在上面时，最高浸到蜗轮直径的 1/6，最低浸到蜗轮的齿高。

D. 换油时先把减速箱清洗干净，在加油口放置过滤网，经滤网过滤再注入，以保持油的清洁度。

E. 滚动轴承用轴承润滑脂（钙基润滑脂），必须填满轴承空腔的 2/3；一般要求每月清洗换新一次。

③经常检查轴承、箱盖、油窗盖等结合部位有无漏油。

A. 蜗杆轴承漏油是常见的问题，轴承部位漏油时应及时更换油封。

B. 安装油封时应注意:密封卷的唇口应向内,压紧螺栓要交替地拧紧,使压盖均匀地压紧油封,安装羊毛毡卷前必须用机油浸透,既可减小毡卷与轴颈的摩擦,又可提高密封性能。

C. 当箱盖或油窗盖漏油时,可更换纸垫或在结合面涂一薄层透明漆漏油。不管用什么方法处理,都必须拧紧螺栓。

④蜗轮齿卷与轮筒的联结必须精心检查,螺母无位移,轮筒与主轴的配合连接无松动。用手锤检查轮筒有无裂纹。

⑤由于电梯频繁换向、变速时会有较大的冲击,因此推力轴承(或滚珠轴承)易于磨损。在蜗轮副磨损后,轴向间隙也增大,轴向窜动会超差。应按照表9-2-1的标准进行检查,根据需要更换中心距调整垫片、轴承盖调整垫片或更换轴承。

表9-2-1 减速箱蜗杆轴向游隙表

梯种	客梯	货梯
蜗杆轴向游隙	<0.08	<0.12

3. 减速箱具体的维保内容及方法(见表9-2-2)。

表9-2-2 减速箱具体的维保内容及方法

序号	部位	维保内容	维保周期
1	油箱	第一次安装使用的电梯换油	每半年
2		适时更换呢,保证油质符合要求	每年
3	蜗轮轴滚动轴承	补充注油	每半月
4		清洗换油	每年
5	轴承、箱盖、油盖窗等结合部位	检查漏油	每季度
6	蜗轮与蜗杆	检查蜗轮与蜗杆啮合轮齿测间隙和轮齿磨损量	每半月
7	蜗杆轴	检查蜗杆轴向游隙	每半月

任务实施

步骤一:减速箱维护保养的前期工作。

①检查是否做好了电梯维保的警示及相关安全措施。

②向相关人员(如管理人员、乘客或司机)说明情况。

③按规范做好维保人员的安全保护措施。

④准备相应的维保工具。

步骤二:对减速箱进行维护保养。

①维保人员整理清点维保工具与器材。

②放好“有人维修,禁止操作”的警示牌。

③将轿厢运行到基站。

④到机房将选择开关打到检修状态,并挂上警示牌。

⑤按表9-2-2所示项目进行维保工作。

⑥完成维保工作后，将检修开关复位，并取走警示牌。

步骤三：填写减速箱维保记录单。

维保工作结束后，维保人员应填写维保记录单（见表9-2-3）。

表9-2-3　减速箱维保记录单

序号	维保内容	维保要求	完成情况	备注
1	维保前工作	准备工具		
2	油箱换油			
3	蜗轮轴承换油			
4	检查漏油	应无漏油		
5	检查蜗轮与蜗杆啮合轮齿测间隙和轮齿磨损量	应符合标准要求		
6	检查蜗杆轴向游隙	应符合标准要求		
维保人员　　日期：　年　月　日				
使用单位意见： 使用单位安全管理人员：　　日期：　年　月　日				

任务评价

（一）自我评价（40分）

学生根据学习任务完成情况进行自我评价（见表9-2-4）。

表9-2-4　自我评价表

项目内容	配分	评分标准	扣分	得分
1. 安全意识	10	1. 不按要求穿着工作服、戴安全帽、穿防滑电工鞋（扣2分） 2. 在轿顶操作不系好安全带（扣2分） 3. 不按要求进行带电或断电作业（扣2分） 4. 不按安全要求规范使用工具（扣2分） 5. 其他违反安全操作规范的行为（扣2分）		
2. 减速箱维护保养	80	1. 维保前工具选择不正确（扣10分） 2. 维保操作不规范（扣10~30分） 3. 维保工作未完成（每项扣10分） 4. 维保记录单填写不正确、不完整（每项扣3~5分）		
3. 职业规范和环境保护	10	1. 在工作过程中工具和器材摆放凌乱（扣3分） 2. 不爱护设备、工具、不节省材料（扣3分） 3. 在工作完成后不清理现场，在工作中产生的废弃物不按规定处置（扣4分）		
自我评分＝（1~3项总分）×40%				

签名＿＿＿＿　＿＿＿＿年＿＿＿＿月＿＿＿＿日

(二)小组评价(30分)

同一实训小组同学进行互评(见表9-2-5)。

表9-2-5 小组评价表

项 目 内 容	配 分	评 分
实训记录与自我评价情况	30	
相互帮组与协作能力	30	
安全、质量意识与责任心	40	
小组评分=(1~3项总分)×30%		

参评人员签名________ ________年________月________日

(三)教师评价(30分)

指导教师结合自评与互评的结果进行综合评价(见表9-2-6)。

表9-2-6 教师评价

教师总体评价意见:	
教师评分(30分)	
总评分=自我评分+小组评分+教师评分	

教师签名________ ________年________月________日

任务三 制动器维护与保养

学习目标

1. 理解制动器的工作原理。
2. 掌握制动器维护保养的内容和要求。

任务描述

制动器对曳引机主轴转动起制动作用,能使运行中的电梯在切断电源时自动把轿厢和对重制停,并在任意位置停止不动。因此它的安全、可靠是保证电梯安全运行的重要因素之一。

本任务主要学习电梯制动器的维护保养,掌握电梯制动器常见机械故障的诊断与排除方法。

相关知识

一、制动器工作原理

电梯一般都采用常闭式双瓦块型直流电磁制动器,如图9-3-1所示。这种制动器性能稳定,噪声小,制动可靠。它一般由制动电磁铁、闸轮、销轴、制动弹簧等组成。对于有齿轮曳引电动机,制动器安装在电动机的旁边,即在电动机轴与蜗杆轴相连的闸轮处;对于无齿轮曳引电动机,制动器则安装在电动机与曳引轮之间,如图 9-3-2 所示。

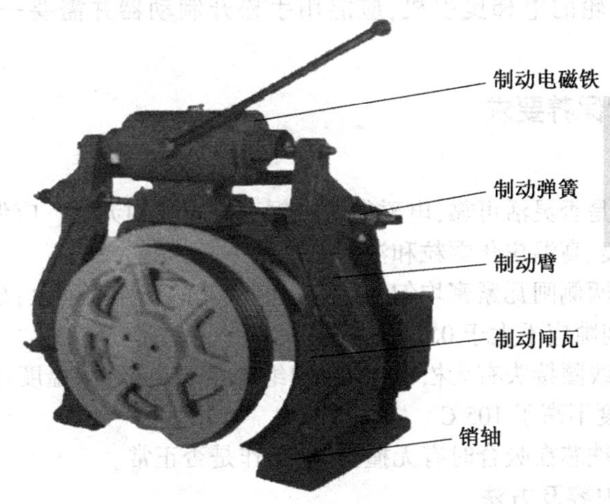

图 9-3-1　电磁制动器

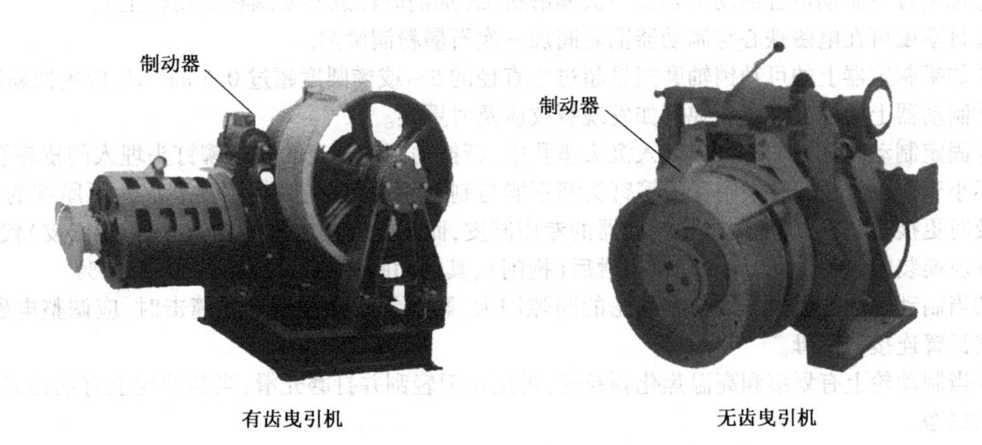

图 9-3-2　制动器安装位置

制动器的工作原理:当电梯处于静止状态时,曳引电动机、制动器的线圈中均无电流通过,这时因制动电磁铁的铁芯之间没有吸引力,制动闸瓦在制动弹簧的压力作用下,将闸轮抱紧,保证了电梯处于不工作的静止状态;当曳引电动机通电旋转的瞬间,制动电磁铁中的线圈也同时通入电流,电磁铁铁芯迅速磁化吸合的同时,带动制动臂克服制动弹簧的作用力使制动闸瓦张开,与闸轮完全脱离,从而使电梯在无制动力的情况下得以运行;当电梯轿厢到达所需层站停车时,曳引电动机失电,制动电磁铁中的线圈也同时失电,电磁铁铁芯中的磁力迅速消失,铁芯在制动弹簧力的作用下通过制动臂复位,使制动闸瓦再次将闸轮抱住电梯停止运行。

对于电梯用制动器有以下要求:

①制动器应动作灵活,工作可靠。

②正常运行时,制动器应在持续通电时保持松开状态,且松闸时要求开挡间隙均匀,制动闸瓦与闸轮间隙不大于 0.7 mm。

③制动时两侧闸瓦应紧密、均匀地贴合在闸轮工作面上。

④切断制动器电流至少应由两个独立的电气装置实现。

⑤闸瓦与闸轮表面应清洁无油污。

⑥装有手动盘车手轮的电梯曳引机,应能用手松开制动器并需要一持续力去保持其松开状态。

二、制动器的维护保养要求

1. 制动器的检查

①检查制动器动作是否灵活可靠,电磁衔铁在铜套内应转动灵活。应保持制动轮表面和闸瓦制动带表面清洁,无划痕、高温焦化颗粒和油污。

②制动器在制动时两侧闸瓦紧密均匀地贴合在制动轮的工作表面上;松闸时两侧闸瓦应同步离开制动轮表面,且其间隙应不大于 0.7 mm。

③检查制动器电磁线圈接头有无松动,线圈的绝缘是否良好;用温度计测量电磁线圈的温升应不超过 60℃,最高温度不高于 105℃。

④检查制动电磁铁铁芯在吸合时有无撞击声,工作是否正常。

2. 制动器的维保内容及方法

①每半月对制动器各活动销轴加一次润滑机油(加油时注意不要滴在制动轮上)。

②每季度可在电磁铁心与制动器铜套间加一次石墨粉润滑剂。

③如果制定器上的可动销轴磨损量超过原直径的 5% 或椭圆度超过 0.5 mm 时,应更换新轴。

④制动器上的杠杆系统和弹簧如发现裂纹应及时更换。

⑤固定制动闸瓦带的铆钉应埋入沉头座孔中,新换的制动闸瓦的固定铆钉头埋入闸皮座孔的深度不小于 3 mm,任何时候闸瓦的铆钉头都不能与制动轮接触;当制动闸皮磨损达原厚度的 1/4 时应及时更换,而且必须使用电梯制动器的专用闸皮,而不能用其他的闸皮(如汽车用闸皮)代替。

⑥新换装的制动闸瓦,与制动轮接触后(抱闸),其制动闸瓦的接触面应不少于 80%。

⑦当制动闸皮的磨损导致与制动轮的间隙增大,影响制动性能和产生撞击时,应调整电磁衔铁与闸瓦臂连接的螺母。

⑧当制动轮上有划痕和高温焦化颗粒时,可用小刀轻刮并打磨光滑;当制动轮上有油污时,可用煤油擦净。

3. 制动器的维保内容及方法见(表 9-3-1)

表 9-3-1 制动器的维保内容及方法

序号	部位	维保内容	维保周期
1	制动器销轴	补充注油	每半月
2	制动器电磁铁芯和铜套	检查清洗,更换润滑油	每半年
3	制动器闸皮与制动轮间隙	四角应大 1.2 mm,平均不大于 0.7 mm	每半月
4	制动器电磁线圈	引入线连接螺钉应无松动,电压应正常	每半月

任务实施

步骤一：制动器维护保养的前期工作。

①检查是否做好了电梯维保的警示及相关安全措施。

②向相关人员（如管理人员、乘客或司机）说明情况。

③按规范做好维保人员的安全保护措施。

④准备相应的维保工具。

步骤二：对制动器进行维护保养。

①维保人员整理清点维保工具与器材。

②放好“有人维修，禁止操作”的警示牌。

③将轿厢运行到基站。

④到机房将选择开关打到检修状态，并挂上警示牌。

⑤按表 9-3-1 所示项目进行维保工作。

⑥完成维保工作后，将检修开关复位，并取走警示牌。

步骤三：填写制动器维保记录单。

维保工作结束后，维保人员应填写维保记录单（见表 9-3-2）。

表 9-3-2 减速箱维保记录单

序号	部　　位	维保内容	完成情况	备注
1	维保前工作			
2	制动器销轴补充注油			
3	制动器电磁铁芯和铜套检查清洗，更换润滑油			
4	检查制动器闸皮与制动轮间隙	应符合标准要求		
5	检查制动器电磁线圈	应符合标准要求		
维保人员　　　　日期：　年　　月　　日				
使用单位意见： 使用单位安全管理人员：　　日期：　　年　　月　　日				

任务评价

（一）自我评价（40 分）

学生根据学习任务完成情况进行自我评价（见表 9-3-3）。

表 9-3-3 自我评价表

项目内容	配分	评分标准	扣分	得分
1. 安全意识	10	1. 不按要求穿着工作服、戴安全帽、穿防滑电工鞋(扣 2 分) 2. 在轿顶操作不系好安全带(扣 2 分) 3. 不按要求进行带电或断电作业(扣 2 分) 4. 不按安全要求规范使用工具(扣 2 分) 5. 其他违反安全操作规范的行为(扣 2 分)		
2. 制动器维护保养	80	1. 维保前工具选择不正确(扣 10 分) 2. 维保操作不规范(扣 10~30 分) 3. 维保工作未完成(每项扣 10 分) 4. 维保记录单填写不正确、不完整(每项扣 3~5 分)		
3. 职业规范和环境保护	10	1. 在工作过程中工具和器材摆放凌乱(扣 3 分) 2. 不爱护设备、工具、不节省材料(扣 3 分) 3. 在工作完成后不清理现场,在工作中产生的废弃物不按规定处置(扣 4 分)		
自我评分=(1~3 项总分)×40%				

签名________ ________年________月________日

(二)小组评价(30 分)

同一实训小组同学进行互评(见表 9-3-4)。

表 9-3-4 小组评价表

项 目 内 容	配 分	评 分
实训记录与自我评价情况	30	
相互帮助与协作能力	30	
安全、质量意识与责任心	40	
小组评分=(1~3 项总分)×30%		

参评人员签名________ ________年________月________日

(三)教师评价(30 分)

指导教师结合自评与互评的结果进行综合评价(见表 9-3-5)。

表 9-3-5 教师评价

教师总体评价意见:	
教师评分(30 分)	
总评分=自我评分+小组评分+教师评分	

教师签名________ ________年________月________日

任务四　曳引钢丝绳维护与保养

学习目标

1. 理解曳引钢丝绳的结构特点。
2. 掌握曳引钢丝绳维护保养的内容和要求。

任务描述

由于曳引钢丝绳使用状态的特殊性和系统要求的可靠性,所以必须保持相当绝对的冗余设置和安全裕量。

本任务主要通过电梯曳引钢丝绳结构特点的学习以及曳引钢丝绳的维护保养方法的学习,掌握电梯曳引钢丝绳常见机械故障的诊断与排除方法。

相关知识

一、曳引钢丝绳结构特点

1. 钢丝绳的种类

钢丝绳的种类很多,一般都是由高强度钢丝绕捻成绳股,然后再由数股绳股绕捻成钢丝绳。根据钢丝绳的用途,钢丝绳可制成不同的结构形式。一般情况下,对钢丝绳来说,钢丝绳内丝绕捻有相互交叉的结构,也有不相互交叉的结构。交叉结构称为点接触钢丝绳,不交叉结构称为线接触钢丝绳。点接触钢丝绳丝与丝之间只有点接触,磨损严重,并在弯曲时丝之间还存在着二次弯曲应力,易出现内丝的疲劳断裂。而线接触钢丝绳丝与丝之间为顺向线接触,使用条件就大大优于点接触钢丝绳。钢丝绳的内丝粗、股数少则钢丝绳耐磨损,但柔性差而不易弯曲;内丝细、股数多则柔性好,但不耐磨损。由于钢丝绳是由高强度钢丝绕捻而成,无论哪种钢丝绳都不宜承受小曲率的反复弯折,否则钢丝绳将很快损坏。

2. 钢丝绳结构

电梯用钢丝绳,行业上称为曳引钢丝绳,术语简称曳引绳,专业又称悬挂绳。电梯用钢丝绳由钢丝、钢丝股(绳股)和绳芯组成。钢丝是钢丝绳的基本组成要素,由含碳量0.4%~1%、含硫磷杂质(0.035%)的优质钢制成。当曳引绳用相同抗拉强度的钢丝捻制,则称其为单强度钢丝绳;当曳引绳用不同抗拉强度的钢丝捻制,则称其为双强度钢丝绳。钢丝直径在5.5~9.5 mm之间;钢丝股由钢丝加捻而成,1股钢丝股由19或27根钢丝组成,加捻1次就是1个捻回。加捻有方向性,可分为S捻(左旋)或Z捻(右旋);绳芯可由天然纤维(如剑麻等)或合成纤维(如聚丙烯、聚乙烯)制作,纤维绳芯均应浸油,含油率有一定标准。最后把经过加捻的若干钢丝股(一般为6股或8股)再以普通捻或顺捻方式加工成一根电梯用圆形钢丝绳(主索)。

①钢丝绳由一纤维绳芯及其外部的多股钢丝缠绕组成。

②通常钢丝绳分6股或8股,每股含有19~27根钢丝。

③钢丝绳的绳芯应充满润滑剂。润滑剂有两个作用:其一是减少钢丝与绳股之间、绳与绳轮

槽之间的摩擦;另一个作用是防止钢丝绳的生锈和腐蚀。

④绳捻是一股绳围绕绳芯拧绕一周的长度。确定绳捻长度的方法是:以一股绳作为起始标记,从起始点围绕绳芯沿着这一股绳回到与起始点同侧位置作为结束点,两点之间的长度即为绳捻长度。

图 9-4-1 所示为钢丝绳结构。

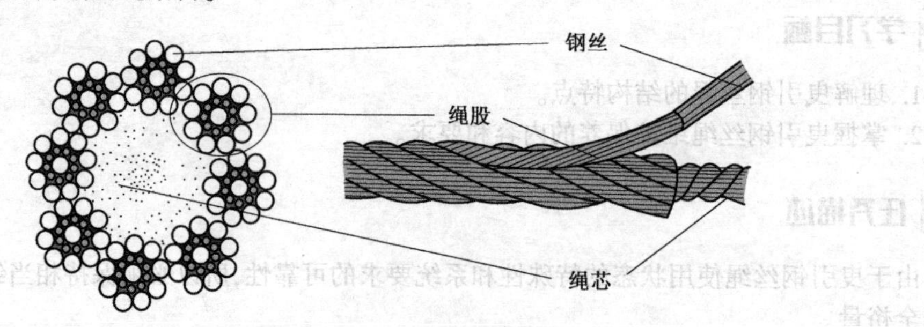

图 9-4-1 钢丝绳结构

二、曳引钢丝绳维护保养

1. 曳引钢丝绳的检查

对电梯上钢丝绳的首要要求是安全,其次是服务。检查、维护和润滑的目的是确保安全。满足钢丝绳的运行需要以及延长使用寿命。对钢丝绳的检查是为了使钢丝绳符合安全标准,对检查不达标的钢丝绳必须进行更换。

(1)断裂检查

①检修运行轿厢至井道顶部。

②用一块松软的布顶住钢丝绳,并以检修速度运行电梯下行。一旦绳上的突出物将布钩住,则立即停止轿厢并检查这段绳,并用粉笔在井道壁上标记出来。当发现钢丝绳断丝最严重的部分时,计算钢丝绳每段绳捻、每股的边缘断裂钢丝的数量。如钢丝绳有报废标准中所述情况,则按照要求进行检查,必要时必须及时更换绳索。也可使用钢丝绳探伤仪检测钢丝绳内部断裂情况。

(2)磨损检查

钢丝绳直径是钢丝绳工作条件的反映。当钢丝绳直径低于允许极限时,则表明绳的使用寿命已到期并且绳芯支承不足。

钢丝绳受到结构拉伸和塑性拉伸两种形式的拉伸。

结构拉伸:当安装绳于电梯上加载后,会发生结构拉伸。这种拉伸是由运行于绳上的部件造成的,并且随着一根绳中的钢丝数量、钢丝形式、张力和制造中的工艺而变化。由于绳芯的压力造成结构拉伸。绳芯尺寸、材料和密度将影响结构拉伸的数量。

塑性拉伸:结构拉伸是永久的,而塑性拉伸是暂时的。塑性拉伸的厚度是钢内的塑性成分。当加载时立即出现,并随着载重的变化或增加或减少。季节性变化也可能导致绳长变化。

润滑不良可能影响绳芯并导致绳芯压力超标。如果及时润滑,则作用相反,或至少会延迟绳芯老化的进程。

(3)张力检查

钢丝绳张力是钢丝绳承受的拉伸外力。钢丝绳上的负载影响钢丝绳和绳轮槽的寿命。高负载下钢丝绳磨损得更快,且槽的磨损也会加速。

当绳振动时，在绳全长上产生振动脉冲。当脉冲碰到阻碍（如驱动轮），会反射回出发点。从发出脉冲到脉冲返回的时间为一个摆动周期。这个周期受到多种因素的影响。其中之一是绳张力。摆动周期和自然频率可作为相互作用的因素。

手拉张力测量法：

①将轿厢停在井道下面1/3的位置。

②用食指和中指一根根地向里拉动钢丝绳，检查张力是否一样。

③如果某根钢丝绳张力与其他钢丝绳差别很大，检查一下该根钢丝绳头弹簧，并作调整。如果张力大，则调松绳头；如果张力小，则调紧绳头。

④再重复检查张力，如果不合适继续调整，直到所有的钢丝绳张力基本一致为止。

（4）润滑

钢丝绳的润滑只允许使用电梯制造厂规定的润滑油或替代物，绝对不允许私自使用其他未经过电梯制造企业允许的润滑油。不适合的润滑剂可能降低曳引性能，并导致绳打滑，如果那样，电梯将会发生非常严重的安全事故。

当润滑曳引绳时，需要有足够的润滑油浸入绳芯，但不能过量润滑。

注意：如果给限速器绳润滑，可能导致安全钳不动作，所以绝对不允许给限速器钢丝绳润滑。

2. 曳引钢丝绳的维保内容及方法（见表9-4-1）

表9-4-1　曳引钢丝绳的维保内容及方法

序号	部 位	维保内容	维保周期
1	曳引钢丝绳	张力差	每半年
2	曳引钢丝绳	伸长量	每季度
3	曳引钢丝绳	磨损	新梯每年，旧梯每半年
4	曳引钢丝绳绳头组合	运行有无噪声	每半月
5	曳引钢丝绳绳头组合	是否完好	每半年

任务实施

步骤一：曳引钢丝绳维护保养的前期工作

①检查是否做好了电梯维保的警示及相关安全措施。

②向相关人员（如管理人员、乘客或司机）说明情况。

③按规范做好维保人员的安全保护措施。

④准备相应的维保工具。

步骤二：对曳引钢丝绳进行维护保养

①维保人员整理清点维保工具与器材。

②放好“有人维修，禁止操作”的警示牌。

③将轿厢运行到基站。

④到机房将选择开关打到检修状态，并挂上警示牌。

⑤按表9-4-1所示项目进行维保工作。

⑥完成维保工作后，将检修开关复位，并取走警示牌。

步骤三：填写曳引钢丝绳维保记录单

维保工作结束后，维保人员应填写维保记录单（见表 9-4-2）。

表 9-4-2　减速箱维保记录单

序号	维保内容	维保要求	完成情况	备注
1	维保前工作	准备好工具		
2	曳引钢丝绳张力差	应符合标准要求		
3	曳引钢丝绳伸长量	应符合标准要求		
4	曳引钢丝绳磨损情况	应符合标准要求		
5	曳引钢丝绳绳头组合在电梯运行时的噪声	应无噪声		
6	曳引钢丝绳绳头组合	应完好		
维保人员　　　　日期：　　年　　月　　日				
使用单位意见： 使用单位安全管理人员：　　日期：　　年　　月　　日				

任务评价

（一）自我评价（40 分）

学生根据学习任务完成情况进行自我评价（见表 9-4-3）。

表 9-4-3　自我评价表

项目内容	配分	评分标准	扣分	得分
1. 安全意识	10	1. 不按要求穿着工作服、戴安全帽、穿防滑电工鞋（扣 2 分） 2. 在轿顶操作不系好安全带（扣 2 分） 3. 不按要求进行带电或断电作业（扣 2 分） 4. 不按安全要求规范使用工具（扣 2 分） 5. 其他违反安全操作规范的行为（扣 2 分）		
2. 曳引钢丝绳维护保养	80	1. 维保前工具选择不正确（扣 10 分） 2. 维保操作不规范（扣 10~30 分） 3. 维保工作未完成（每项扣 10 分） 4. 维保记录单填写不正确、不完整（每项扣 3~5 分）		
3. 职业规范和环境保护	10	1. 在工作过程中工具和器材摆放凌乱（扣 3 分） 2. 不爱护设备、工具、不节省材料（扣 3 分） 3. 在工作完成后不清理现场，在工作中产生的废弃物不按规定处置（扣 4 分）		
自我评分 =（1~3 项总分）×40%				

签名________　　________年________月________日

(二)小组评价(30分)

同一实训小组同学进行互评(见表9-4-4)。

表9-4-4 小组评价表

项 目 内 容	配 分	评 分
实训记录与自我评价情况	30	
相互帮助与协作能力	30	
安全、质量意识与责任心	40	
小组评分=(1~3项总分)×30%		

参评人员签名________ ________年________月________日

(三)教师评价(30分)

指导教师结合自评与互评的结果进行综合评价(见表9-4-5)。

表9-4-5 教师评价

教师总体评价意见:	
教师评分(30分)	
总评分=自我评分+小组评分+教师评分	

教师签名________ ________年________月________日

思考与练习

1. 曳引机减速箱的蜗杆涡轮啮合部分,应使用(　　)润滑。

A. 机油　B. 齿轮油　C. 润滑脂　D. 以上都不对

2. 减速箱蜗杆轴向游隙增大,会导致(　　)而产生颤动。

A. 啮合不良　B. 串轴过大　C. 摆动　D. 冲击

3. 目前电梯中最常用的驱动方式是(　　)。

A. 鼓轮(卷筒)驱动　B. 曳引驱动　C. 液压驱动　D. 齿轮齿条驱动

4. 驱动电梯运行的曳引力是曳引钢丝绳与曳引轮绳槽之间的(　　)。

A. 结合力　B. 摩擦力　C. 正压力　D. 牵引力

5. 电梯曳引轮绳槽形状中,以(　　)产生的曳引力最大

A. 带切口的半圆槽　B. V形槽

C. 半圆槽　D. 带切口的V形槽

6. 在电梯上,曳引绳的线速度与轿厢升降速度的比值称曳引比。如果电梯的曳引系统的曳引比为2∶1,则(　　)。

A. 轿厢的运动速度是曳引绳的两倍　B.轿厢的运动速度是曳引绳的一半

C.轿厢的运动速度是对重的一半　D. 轿厢的运动速度是对重的两倍

7. 曳引机铭牌上的额定速度是 1 m/S。安装时用 2∶1 绕绳，则轿厢的速度是(　　)m/s。

A. 0.25　　B. 0.5　　C. 0.75　　D. 1

8. 曳引钢丝绳常漆有明显标记，这是(　　)标记。

A. 换速　　B. 平层　　C. 加油　　D. 检修

9. 电梯曳引钢丝绳与曳引轮绳槽之间切忌有过分的润滑，可在钢丝绳表面(　　)。

A. 加润滑脂　　B. 加机械油　　C. 加各种润滑油　　D. 加适量的薄质防锈油

10. 采用 2∶1 绕法的电梯，曳引钢丝绳上所受的拉力为其所悬挂总重量的(　　)。

A. 1/4　　B. 1/2　　C. 1 倍　　D. 2 倍

11. 在电梯曳引系统中，有一个重要的安全装置，在通电时松闸，断电时抱闸，这是(　　)。

A. 安全钳　　B. 制动器　　C. 减速器　　D. 极限开关

12. 电梯制动器的电磁线圈与曳引机是(　　)。

A. 曳引电动机同通电，制动器的电磁线圈断电

B. 曳引电动机断电，制动机器的电磁线圈通电

C. 曳引电动机与制动器的电磁线圈同时通，断电

D. 曳引电动机与制动器的电磁线圈延时通，断电

13. 电梯使用的电磁制动器从制动原理上属于(　　)。

A. 电气制动　　B. 机械制动　　C. 反接制动　　D. 能耗制动

14. 关于电磁制动器下列说法正确的是(　　)。

A. 制动力大小取决于制动弹簧力(压缩量)，松闸力大小取决于制动线圈的电磁力

B. 制动力大小取决于动弹簧力(压缩量)，松闸力大小取决于制动弹簧力(压缩量)

C. 制动力大小取决于制动线圈的电磁力，松闸力大小取决于制动弹簧力(压缩量)

D. 制动力大小取决于制动线圈的电磁力，松闸力大小取决于制动线圈的电磁力

15. 曳引电动机轴与减速器轴由联轴器弹性连接的，其同心度应不超过(　　)mm。

A. 0.05　　B. 0.10　　C. 0.15　　D. 0.20

16. 曳引轮各绳槽之间的磨损量偏差(　　)或钢绳与槽底间距<1.0 mm 时，应更换或重新加工曳引轮。

A. >1.5 mm　　B. >1.0 mm　　C. >0.5 mm　　D. <1.0 mm

17. 规定曳引钢丝绳绳头组合的拉抻强度应不低于钢丝绳的拉伸强度的(　　)。

A. 50%　　B. 60%　　C. 70%　　D. 80%

项目十
电梯安全保护装置的维护与保养

项目十 电梯安全保护装置的维护与保养

- 安全钳维护与保养
  - 安全钳装置
  - 安全钳的维护保养要求
  - 安全钳的维保方法
- 限速器维护与保养
  - 限速器装置
  - 限速器维护保养要求
  - 限速器的维保方法

任务一　限速器维护与保养

学习目标

1. 了解限速器的组成。
2. 掌握限速器、安全钳联动机构的运行原理。
3. 掌握限速器维护保养的内容和要求。

任务描述

在电梯中，限速器是十分重要的机械安全保护装置，但它不能独立完成任务。

本任务通过完成电梯限速器的组成、构造和工作原理的学习以及电梯限速器各部件的维护保养方法的学习，掌握电梯限速器常见机械故障的诊断与排除方法。

相关知识

电梯是一种复杂的设备，在运行中由于某种原因的确会出现一些不安全的情景，如超速运行、失去控制、操作按钮不起作用、电梯关门夹人等等，但是电梯本身是一种完善的运输设备，设计人员设计了多种安全装置，采用了多种安全措施来消除这些不安全因素。只要电梯正确使用和定期维修、检查，就不会发生安全事故。

整台电梯机械安全装置动作系统如图 10-1-1 所示。

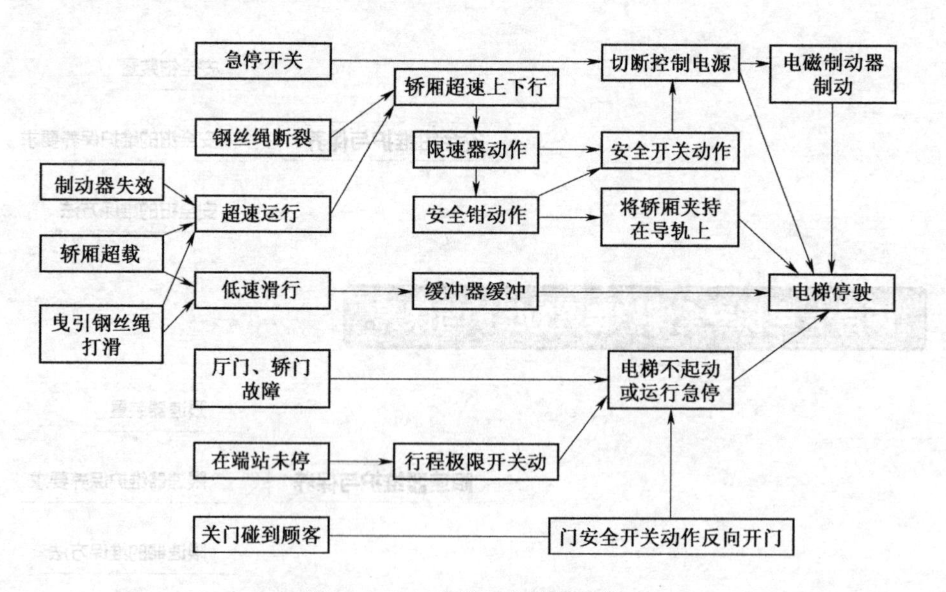

图 10-1-1　电梯安全动作系统

一、限速器装置

1. 限速器

任何限速器都含有 3 个机械部分：一是它的转动部分，反映电梯运行的真实速度，限速器轮的直径至少是限速器钢丝绳直径的 30 倍；二是根据物体做圆周运动时的离心力原理，设置限速的机械自锁部分，因限速器只对电梯向下失速起保护作用，所以具有方向性，在安装时绝对不能错向；三是限速器绳的张紧装置部分。图 10-1-2 所示为限速器的实物图和结构图。

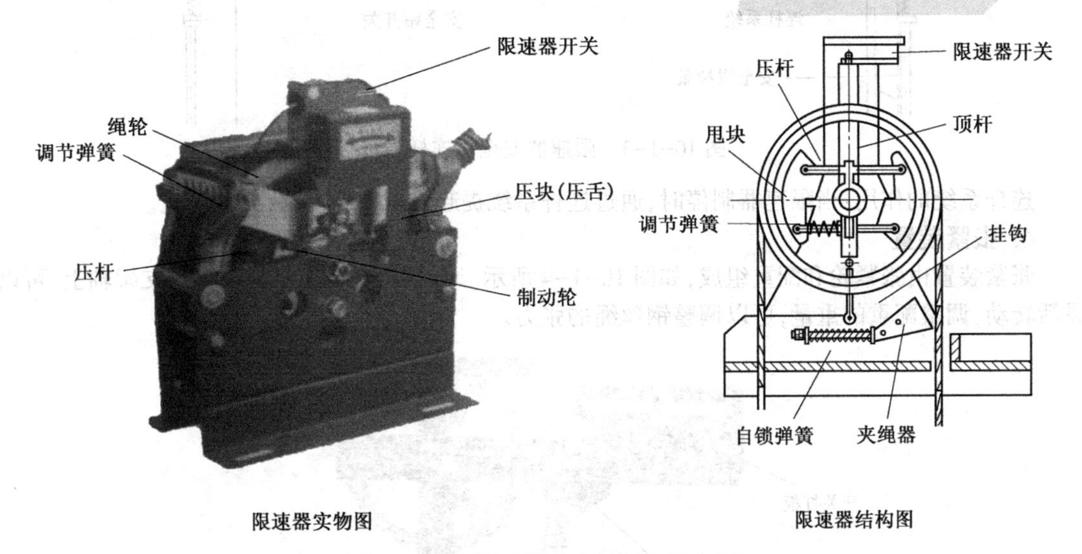

图 10-1-2 限速器的实物图和结构图

限速器工作原理：当轿厢的运行速度超过电梯额定速度的 15% 时，甩碰下顶杆，限速器的电气开关断开，使电梯控制电路被切断，抱闸电磁线圈失电，同时掣停曳引机。如电梯继续失速下行，甩锤碰掉挂钩使夹绳钳跌下，在自锁弹簧的弹力和限速器钢丝绳与夹绳钳摩擦力的作用下把限速器钢丝绳压住，当夹绳钳提供的夹持力足以克服绳索拉力时，夹绳钳才完全将限速器钢丝绳夹住，安全钳拉杆被提起，使安全钳动作，将电梯轿厢夹持在导轨上。由于夹绳钳在夹持限速器钢丝绳的过程中，要有一段缓冲滑动距离才能完全夹持限速器钢丝绳，这样对限速器钢丝绳起到一定的保护作用。这种限速器钢丝绳夹持的调整，可通过调整自锁弹簧尾端的螺母进行，一般制造厂已作了测试调整，使用中不需要再调整。

2. 限速器绳

限速器绳是一根两端封闭的钢丝绳，上面套绕在限速器轮上，下面绕过挂有重物的张紧轮。限速器绳通过轿厢顶部连杆系统与轿厢相连。

限速器绳的作用：由于限速器绳是固定在轿厢上的，所以当电梯运行时，电梯轿厢的上下垂直运动就通过限速器绳转化为限速器的旋转运动，这样就使限速器轮的转速和轿厢的运行速度发生了联系，即限速器轮的转速反映了电梯的下降速度。

3. 连杆系统

限速器安全钳的连杆系统如图 10-1-3 所示。

它通常装设在轿厢上梁上。

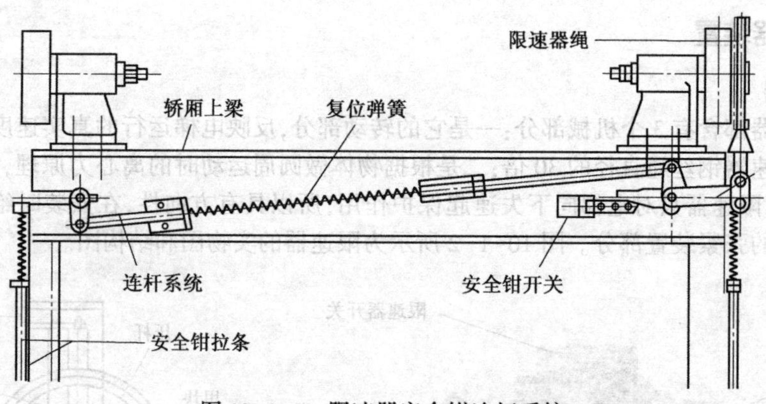

图 10-1-3 限速器安全钳连杆系统

连杆系统的作用：当限速器制停时，通过连杆系统提起安全钳的楔块，夹住导轨。

4. 张紧装置

张紧装置由张紧轮和配重组成，如图 10-1-4 所示。张紧轮安装在张紧装置的支架轴上，可以灵活转动，调整配重的重量，可以调整钢丝绳的张力。

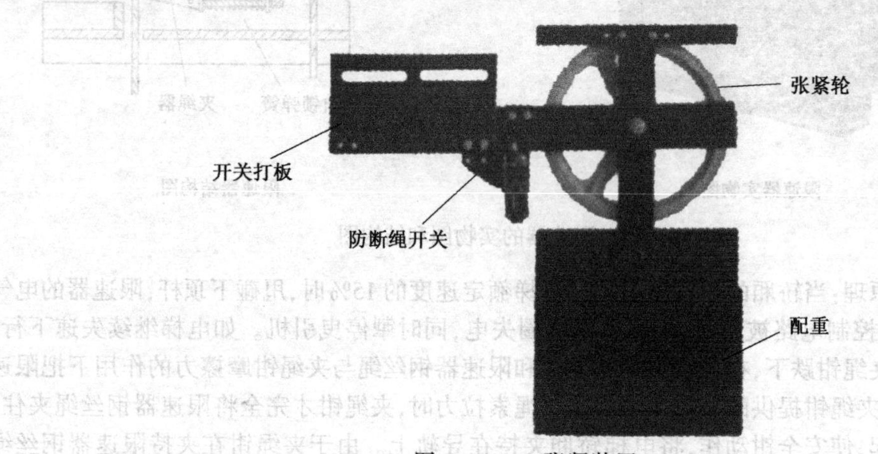

图 10-1-4 张紧装置

张紧装置的作用：使钢丝绳张紧，确保钢丝绳与限速器之间具有足够的摩擦力，从而准确地反映轿厢的运行速度。张紧装置一般都放置在井道底坑内，为防止钢丝绳伸长使张紧装置碰到地面而失效，其底部距离底坑应有适当的高度。

在张紧装置上应设断绳电气开关，一旦绳索断裂或过度伸长造成装置下跌，安全开关能够立即动作，切断电梯控制电路。

二、限速器维护保养要求

①限速器绳轮的不垂直度应不大于 0.5 mm，限速器可调节部件应加的封件必须完好，限速器应每两年整定校验一次。

②限速器钢丝绳在正常运行时不应触及夹绳钳口，开关动作应灵活可靠，活动部分应保持润滑。

③限速器动作时,限速器绳的张紧力至少应是 300 N 或提起安全钳所需力的两倍。

④限速器的绳索张紧装置底面距底坑平面的距离见表 10-1-1。固定式张紧装置,按照制造厂家设计范围整定。

表 10-1-1　移动式张紧装置底面与底坑平面间距

电梯类别	高速电梯	快速电梯	低速电梯
距离底坑平面高度/m	750±50	550±50	400±50

⑤限速器钢丝绳的维护检查与曳引钢丝绳相同,具有同等重要性。维修人员站在轿顶上,抓住防护栏,电梯以慢速在井道内运行全程,仔细检查钢丝绳与绳套是否正常。

⑥限速器的压绳舌作用时,其工作面应均匀地紧贴在钢丝绳上,在动作解脱后,应仔细检查被压绳区段有无断丝、压痕、折曲,并用油漆作记号,再次检查时重点注意这区段钢丝绳的损伤情况。

⑦检查张紧装置行驶开关打板的固定螺栓是否松动或产生移位,应保证打板能够碰撞开关触点。

⑧检查绳轮、张紧轮是否有裂纹和绳槽磨损情况。在运行中若钢丝绳有断续抖动,表明绳轮或张紧轮轴孔已磨损变形,应换轴套。

⑨张紧装置应工作正常,绳轮和导轮装置与运动部位均润滑良好,每周加油一次,每年需拆检和清洗加油。

⑩限速器应校验正确,在轿厢下降速度超过限速器规定速度时,限速器应立即作用带动安全钳,安全钳钳住导轨立即制停轿厢。限速器最大动作速度见表 10-1-2。

表 10-1-2　常见电梯限速器最大动作速度(单位:m/s)

轿厢额定速度	限速器最大动作速度	轿厢额定速度	限速器最大动作速度
≤0. 50	0. 85	1. 75	2. 26
0. 75	1. 05	2. 00	2. 55
1. 00	1. 40	2. 50	3. 13
1. 50	1. 98	3. 00	3. 70

三、限速器的维保方法

1. 经常性检查

①检查限速器动作的可靠性,如使用甩块式刚性夹持式限速器,要检查限速器动作的可靠性。注意,当夹绳钳(楔块)离开限速器时,要仔细检查此钢丝绳有无损坏现象。

②检查限速器运转是否灵活可靠,限速器运转时声音应当轻微而又均匀,绳轮运转应没有时松时紧的现象。

③一般检查方法是:先在机房耳听、眼看,若发现限速器有时误动作、打点或有其他异常声音,则说明该限速器有问题,应及时找出故障原因,进行检修或送制造厂家修理。

④检查限速器钢丝绳和绳套有无断丝、折曲、扭曲和压痕。其检查方法是:在司机开动电梯慢速在井道内运行的全程中,在机房中仔细观察限速器钢丝绳。当发现问题时,如属于还可以用的范围,必须做好记录,并用油漆做好标记,作为今后重点检查的位置。若钢丝绳和绳套必须更换时,应立即停梯更换,不可再用。

⑤检查限速器旋转部位的润滑情况是否良好。

⑥检查限速器上的绳轮有无裂纹、绳槽磨损量是否过大。

⑦检查限速器的张紧装置:到底坑检查张紧装置行程开关打板的固定螺栓有无松动或位移,应保证打板能碰动行程开关触点;还要检查有关零部件是否磨损、破裂等。

2. 维保工作

①限速器出厂时,均经过严格的检查和试验,维修时不准随意调整限速器弹簧的张紧力,不准随意调整限速器的速度,否则会影响限速器的性能,危及电梯的安全保护系统。另外,对于限速器出厂时的铅封不要私自拆动,若发现问题且不能彻底解决,应送到厂家修理或更换。

②对限速器和限速器张紧装置的旋转部分,每周加一次油,每年清洗一次。

③在电梯运行过程中,一旦发生限速器、安全钳动作,将轿厢夹持在导轨上,应经过有关部门鉴定、分析,找出故障原因,解决后才能检查或恢复限速器。

任务实施

步骤一:限速器维护保养的前期工作。

①检查是否做好了电梯维保的警示及相关安全措施。

②向相关人员(如管理人员、乘客或司机)说明情况。

③按规范做好维保人员的安全保护措施。

④准备相应的维保工具。

步骤二:对限速器进行维护保养。

①维保人员整理清点维保工具与器材。

②放好"有人维修,禁止操作"的警示牌。

③将轿厢运行到基站。

④到机房将选择开关打到检修状态,并挂上警示牌。

⑤按照对限速器的维保要求进行维保工作。

⑥完成维保工作后,将检修开关复位,并取走警示牌。

步骤三:填写限速器维保记录单。

维保工作结束后,维保人员应填写维保记录单(见表10-1-3)。

表10-1-3 限速器维保记录单

序号	维保内容及要求	完成情况	备注
1	维保前工作		
2	限速器运动部件转动灵活		
3	各种轴部位无异常响声		
4	张紧轮配重块离地高于100 mm		
5	钢丝绳断裂或松弛时,保护开关正确动作		
6	限速器铅封或漆封标记齐全		
7	张紧装置的运动部分动作灵活		
8	电梯运行中,无显著的振动、噪声现象		

续表

序　号	维保内容及要求	完　成　情　况	备　注
9	张紧装置滚动轴承或传动部位加钙基润滑油		
10	钢丝绳及绳槽无严重油垢、磨损		
11	各电气开关及触点工作可靠、接线良好		
12	限速器钢丝绳磨损在规定值内		
13	限速器钢丝绳无断股现象		
14	与安全钳拉杆连接部位无过量磨损和损坏		
15	钢丝绳端部组装良好,夹绳方向正确		
16	清洗限速轮、张紧轮轴并加润滑油		
17	限速器各动作符合要求		
维保人员　　　　日期：　年　月　日			
使用单位意见： 使用单位安全管理人员：　　日期：　年　月　日			

任务评价

(一)自我评价(40分)

学生根据学习任务完成情况进行自我评价(见表10-1-4)。

表10-1-4　自我评价表

项　目　内　容	配　分	评　分　标　准	扣分	得　分
1. 安全意识	10	1. 不按要求穿着工作服、戴安全帽、穿防滑电工鞋(扣2分) 2. 在轿顶操作不系好安全带(扣2分) 3. 不按要求进行带电或断电作业(扣2分) 4. 不按安全要求规范使用工具(扣2分) 5. 其他违反安全操作规范的行为(扣2分)		
2. 限速器维护保养	80	1. 维保前工具选择不正确(扣10分) 2. 维保操作不规范(扣10~30分) 3. 维保工作未完成(每项扣10分) 4. 维保记录单填写不正确、不完整(每项扣3~5分)		
3. 职业规范和环境保护	10	1. 在工作过程中工具和器材摆放凌乱。 2. 不爱护设备、工具、不节省材料。 3. 在工作完成后不清理现场,在工作中产生的废弃物不按规定处置		
自我评分=(1~3项总分)×40%				

签名________　　　　________年________月________日

（二）小组评价（30分）

同一实训小组同学进行互评（见表10-1-5）。

表10-1-5 小组评价表

项目内容	配分	评分
实训记录与自我评价情况	30	
相互帮助与协作能力	30	
安全、质量意识与责任心	40	
小组评分＝（1～3项总分）×30%		

参评人员签名________ ________年________月________日

（三）教师评价（30分）

指导教师结合自评与互评的结果进行综合评价（见表10-1-6）。

表10-1-6 教师评价

教师总体评价意见：	
教师评分（30分）	
总评分＝自我评分+小组评分+教师评分	

教师签名________ ________年________月________日

任务二 安全钳维护与保养

学习目标

1. 了解安全钳的组成。
2. 掌握限速器、安全钳联动机构的运行原理。
3. 掌握安全钳维护保养的内容和要求。

任务描述

安全钳与限速器都不能独立完成任务。要达到电梯失速后能掣停在导轨上，是靠它们互相配合动作来实现的。

本任务通过完成电梯安全钳的组成、构造和工作原理的学习以及电梯安全钳各部件的维护保养方法的学习，掌握电梯安全钳常见机械故障的诊断与排除方法。

相关知识

一、安全钳装置

安全钳是一种使电梯停止向下运动的机械装置,凡是由钢丝绳或链条悬挂的电梯均设置有安全钳。安全钳与限速器配套使用,为电梯运行提供最后的综合性安全保证。在GB 7588—2003《电梯制造与安装安全规范》中规定:电梯轿厢下部都应设置一套能在电梯超速下降时动作的安全钳。

安全钳由钳座、楔块、拉条等组成,当电梯正常运行时,楔块与导轨面间的间隙一般为2~3 mm。电梯上使用的安全钳种类很多,按其动作过程的不同可分为瞬时式安全钳和渐进式安全钳,如图10-2-1所示。

瞬时式安全钳,该安全钳的钳座为整体式结构,一般用铸钢制造,具有足够的强度和刚度,因此,瞬时式安全钳又称刚性安全钳。在制停过程中,楔块能迅速地卡入导轨表面,从而使轿厢制停在导轨上。这种安全钳制停速度快,制停距离短(从限速器卡住钢丝绳到安全钳的楔块卡住导轨,轿厢移动的距离一般只有几厘米到十几厘米),极易对轿厢及乘载的人或货物产生较大的冲击,同时对导轨的损伤较大,因此不能用于高速梯,而多用于低速梯。

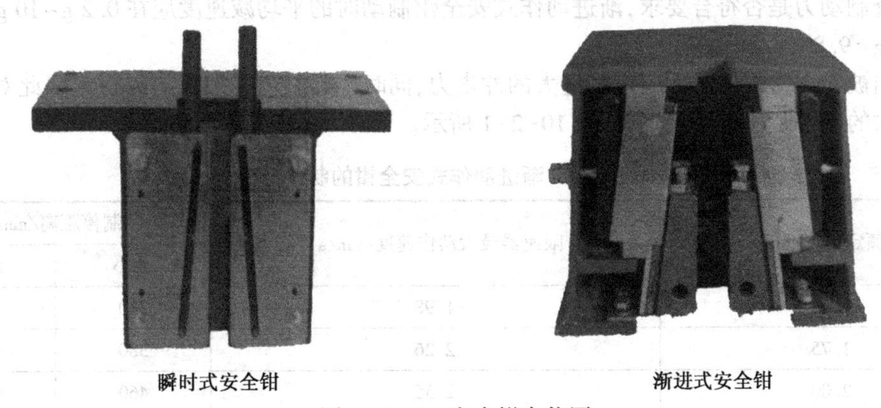

图10-2-1　安全钳实物图

渐进式安全钳,该安全钳的钳座用钢板焊接而成,是具有弹性夹持作用力的组合件,因此,渐进式安全钳又称弹性安全钳。这种安全钳在制动过程中存在一定的滑移减速过程,避免了对轿厢的剧烈冲击,对导轨也起到一定的保护作用,因此多用于快速梯和高速梯。

安全钳的工作原理:当轿厢或对重超速运行或出现突发情况时,安全钳能够接受限速器的操纵,以机械动作上提楔块,将电梯轿厢紧急制停并夹持在导轨上。以渐进式安全钳为例,安全钳的动作示意图如图10-2-2所示。

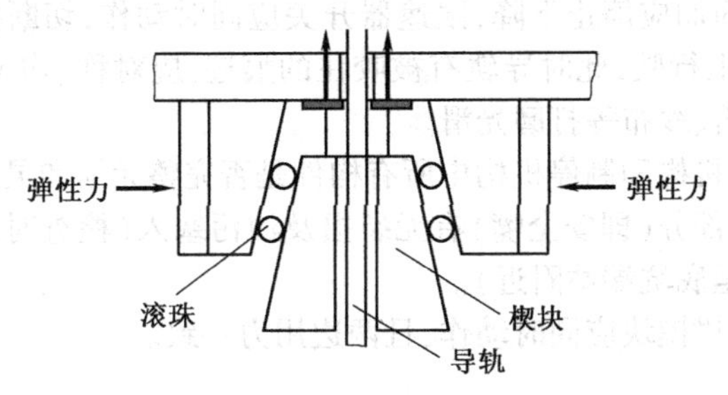

图10-2-2　安全钳动作示意图

安全钳的安装位置：安全钳设在轿厢架下的横梁上，在电梯导靴的上面，并成对地在导轨上使用。

二、安全钳的维护保养要求

安全钳的技术要求：

①安全钳拉杆组件系统动作时应转动灵活可靠，无卡阻现象，系统动作的提拉力应不超过 150 N。

②安全钳楔块面与导轨侧面间隙应为 2～3 mm，且两侧间隙应较均匀，安全钳动作应灵活可靠。

③安全钳开关触点应良好，当安全钳工作时，安全钳开关应率先动作，并切断电梯安全电气回路。

④安全钳上所有的机构零件应去除灰尘、污垢及旧有的润滑脂，对构件的接触摩擦表面用煤油清洗，且涂上清洁机油，然后检测所有手动操作的行程，应保证未超过电梯的各项限值。从导靴内取出楔块，清理闸瓦和楔块的工作表面，并在楔块上涂上制动油，再安装复位。

⑤利用水平拉杆和垂直拉杆上的张紧接头调整楔块的位置，使每个楔块和导轨间的间隙保持在 2～3 mm，然后使拉杆的张紧接头定位。

⑥检查制动力是否符合要求，渐进动作式安全钳制动时的平均减速度应在 0.2 g～10 g（g 为重力加速度，$g=9.8\ m/s^2$）。

⑦轿厢被安全钳制停时不应产生过大的冲击力，同时也不能产生太长的滑行。因此对渐进动作式安全钳的制停距离有所规定，如表 10-2-1 所示。

表 10-2-1　渐进动作式安全钳的制停距离

电梯额定速度/(m/s)	限速器最大动作速度/(m/s)	制停距离/mm	
		最小	最大
1.50	1.98	330	840
1.75	2.26	380	1020
2.00	2.55	460	1220
2.50	3.13	640	1730
3.00	3.70	840	2370

三、安全钳的维保方法

①安全钳动作的可靠性试验。为保证安全钳、限速器工作时的可靠性，每半年应做次限速器、安全钳联动试验。其方法如下：轿厢空载，从 2 层开始，以检修速度下行；用手扳动限速器，使连接钢丝绳的杠杆提起，此时轿厢应停止下降，限速器开关应同时动作，切断控制电路的电源；松开安全钳楔块，使轿厢慢速向上行驶，此时导轨有被咬住的痕迹，应对称、均匀；试验后，应将导轨上的咬痕，用手砂轮、锉刀、油石、纱布等打磨光滑。

②检查安全钳的操纵机构和制停机构中所有构件是否完整无损和灵活可靠。

③安全钳钳座和钳块部分（即安全嘴）有无裂损及油污塞入（检查时，维护保养人进入底坑安全区域，然后将轿厢行驶至底坑端站附近）。

④轿厢外两侧的安全钳楔块应同时动作，且两边用力一致。

任务实施

步骤一:安全钳维护保养的前期工作

①检查是否做好了电梯维保的警示及相关安全措施。

②向相关人员(如管理人员、乘客或司机)说明情况。

③按规范做好维保人员的安全保护措施。

④准备相应的维保工具。

步骤二:对安全钳进行维护保养

①维保人员整理清点维保工具与器材。

②放好“有人维修,禁止操作”的警示牌。

③将轿厢运行到基站。

④到机房将选择开关打到检修状态,并挂上警示牌。

⑤按照对安全钳的维保要求进行维保工作。

⑥完成限速器和安全钳的维保工作后,进行一次限速器和安全钳联动试验。

⑦完成维保工作后,将检修开关复位,并取走警示牌。

步骤三:填写限速器维保记录单

维保工作结束后,维保人员应填写维保记录单。

①安全钳维保记录单见表10-2-2。

表10-2-2　安全钳维保记录单

序　号	维保内容及要求	完　成　情　况	备　注
1	安全钳及联动机构部位齐全		
2	安全钳及联动机构无过量磨损		
3	安全钳及联动机构		
4	安全钳各楔块无损坏		
5	安全钳各楔块与导轨间距均匀		
6	安全钳各部位无油污		
7	清洁安全钳所有活动销油、拉杆、弹簧		
8	使用钙基润滑油安全钳钳嘴		
9	使用N46普通机油润滑安全钳拉条转轴处		
10	传动杆件的配合传动处涂机械防透油		
11	手动提拉安全钳拉杆,动作灵活有效		
维保人员　　　　　　日期:　　年　　月　　日			
使用单位意见:			
使用单位安全管理人员:　　日期:　　年　　月　　日			

②电梯限速器、安全钳联动试验记录单见表10-2-3。

表10-2-3 电梯限速器、安全钳联动试验记录单

序号	操作项目	完成情况	备注
1	轿厢空载,从2层开始,以检修速度下行		
2	用手扳动限速器,使连接钢丝绳的杠杆提起。查看轿厢是否停止,限速器开关是否动作		
3	检查轿厢外两侧安全钳楔块是否同时动作,且两边一致		
4	松开安全钳楔块,使轿厢慢速向上行驶,此时导轨有被咬住的痕迹,查看是否对称、均匀		
5	试验后,将导轨上的咬痕打磨光滑		
维保人员	日期:　年　月　日		

任务评价

(一)自我评价(40分)

学生根据学习任务完成情况进行自我评价(见表10-2-4)。

表10-2-4 自我评价表

项目内容	配分	评分标准	扣分	得分
1. 安全意识	10	1. 不按要求穿着工作服、戴安全帽、穿防滑电工鞋(扣2分) 2. 在轿顶操作不系好安全带(扣2分) 3. 不按要求进行带电或断电作业(扣2分) 4. 不按安全要求规范使用工具(扣2分) 5. 其他违反安全操作规范的行为(扣2分)		
2. 安全钳维护保养	60	1. 维保前工具选择不正确(扣10分) 2. 维保操作不规范(扣10~30分) 3. 维保工作未完成(每项扣10分) 4. 维保记录单填写不正确、不完整(每项扣3~5分)		
3. 限速器、安全钳联动试验	20	1. 轿厢下降速度不正确(扣4分) 2. 不会手动操作限速器动作(扣4分) 3. 不会调整安全钳楔块复位(扣4分) 4. 不会修复安全钳楔块留下的咬痕(扣4分) 5. 联动测试步骤不正确(扣4分)		
4. 职业规范和环境保护	10	1. 在工作过程中工具和器材摆放凌乱(扣3分) 2. 不爱护设备、工具、不节省材料(扣3分) 3. 在工作完成后不清理现场,在工作中产生的废弃物不按规定处置(扣4分)		
自我评分=(1~4项总分)×40%				

签名________　________年________月________日

（二）小组评价（30 分）

同一实训小组同学进行互评（见表 10-2-5）。

表 10-2-5　小组评价表

项　目　内　容	配　分	评　分
实训记录与自我评价情况	30	
相互帮助与协作能力	30	
安全、质量意识与责任心	40	
小组评分=（1~3 项总分）×30%		

参评人员签名________　________年________月________日

（三）教师评价（30 分）

指导教师结合自评与互评的结果进行综合评价（见表 10-2-6）。

表 10-2-6　教师评价

教师总体评价意见：	
教师评分（30 分）	
总评分=自我评分+小组评分+教师评分	

教师签名________　________年________月________日

任务三　缓冲器维护与保养

学习目标

1. 了解缓冲器的结构、分类。
2. 掌握缓冲器维护保养的内容和要求。

任务描述

缓冲器设在井道底坑地面上，是电梯机械安全部分的最后一道安全保护装置。

本任务通过完成电梯缓冲器的组成、构造和工作原理的学习以及电梯缓冲器各部件的维护保养方法的学习，掌握电梯缓冲器常见机械故障的诊断与排除方法。

一、缓冲器装置

缓冲器分为蓄能型缓冲器和耗能型缓冲器。

1. 蓄能型缓冲器

蓄能型缓冲器是指弹簧缓冲器,如图 10-3-1 所示。用于额定速度不大于 1 m/s 的电梯。蓄能型缓冲器达到的总行程应至少等于相应于 115% 额定速度的重力制停距离的 2 倍。在任何情况下,此行程不得小于 6 mm。

蓄能型缓冲器的行程应能承受轿厢质量与额定载重量之和(或对重质量)的 2.5~4 倍的静载荷。

2. 耗能型缓冲器

耗能型缓冲器是指液(油)压缓冲器,如图 10-3-2 所示。可用于任何额定速度的电梯。耗能型缓冲器达到的总行程应至少等于相应于 115% 额定速度的重力制停距离。在下述情况下可以降低缓冲器的行程,即电梯在到达端站前,电梯减速监控装置能检查出曳引机转速确实在慢速下降,且轿厢减速后与缓冲器接触时的速度不超过缓冲器的设计速度,则可以用这一速度来代替额定速度计算缓冲器的行程,在任何情况下,缓冲器的行程不应小于 420 mm。

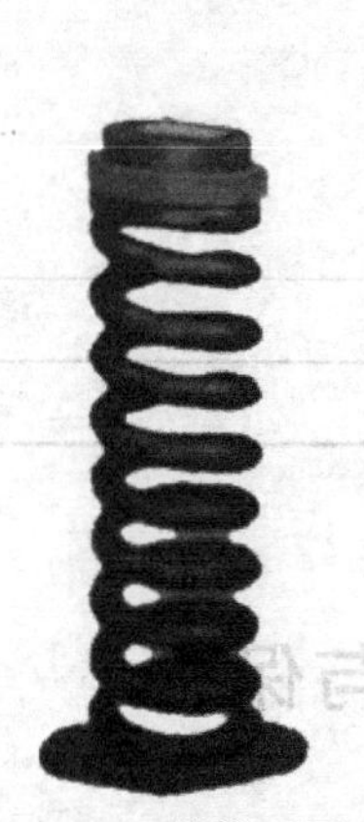

图 10-3-1　蓄能型缓冲器

图 10-3-2　耗能型缓冲器

耗能型缓冲器应满足:当载有额定载荷的轿厢自由下落,并以设计缓冲器时所取的冲击速度作用到缓冲器上时,平均减速度不应大于 1 g,减速度超过 2.5 g 以上的作用时间不应大于 0.04 s。

工作原理:耗能型缓冲器是为缓解轿厢或对重的冲击,消耗其动能,利用液体流动的阻尼作用原理而设计的缓冲器。当轿厢或对重撞击缓冲器时,柱塞向下运动,压缩油缸内的油,使油通过节流孔外溢,在制停轿厢或对重过程中,其动能转化为油的热能,即消耗了电梯的动能,使电梯以一定的减速度逐渐停止下来。当轿厢或对重离开缓冲器时,柱塞在复位弹簧的作用下,向上复位油重新流回油缸内。图 10-3-3 所示为有溢流孔的液压缓冲器。

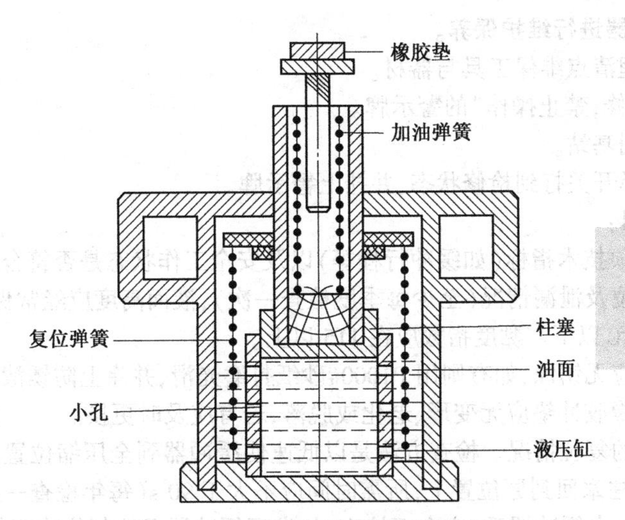

图 10-3-3　有溢流孔的液压缓冲器

二、缓冲器的维保内容与方法(见表 10-3-1)

表 10-3-1　缓冲器的维保内容与方法

维保周期	维护保养内容及方法
季度维保	1. 使用棉布蘸清洁剂清洁缓冲器表面灰尘和污垢
	2. 检查缓冲器是否有漏油现象
	3. 使用油位量规检查缓冲器油位是否合适。如缺少,则必须补充
	4. 检查缓冲器表面是否有锈蚀和油漆脱落。如有,使用 P1000#砂纸打磨光滑,去除锈蚀后补漆防锈
	5. 检查液压油缸壁和活塞柱是否有污垢:清洁表面,如有锈蚀,使用 1000#砂纸打磨除锈,有的活塞面有一层防锈漆,清洁时不应去掉
	6. 使用干净棉布蘸机油润滑活塞柱
	7. 检查缓冲器顶端是否有橡胶垫块,如没有,则需补上
	8. 检查缓冲器安装是否牢固、垂直
	9. 用体重检查缓冲器运动状况:站在活塞上,跳动几下,检查活塞是否有 50~100 mm 的活动范围和电气开关是否动作。如果活塞没有动,那么需要检查缓冲器是否有问题

任务实施

步骤一:缓冲器维护保养的前期工作。

①检查是否做好了电梯维保的警示及相关安全措施。

②向相关人员(如管理人员、乘客或司机)说明情况。

③按规范做好维保人员的安全保护措施。

④准备相应的维保工具。

步骤二:对缓冲器进行维护保养。

①维保人员整理清点维保工具与器材。

②放好"有人维修,禁止操作"的警示牌。

③将轿厢运行到基站。

④到机房将选择开关打到检修状态,并挂上警示牌。

⑤检查以下项目:

A. 缓冲器的各项技术指标(如缓冲行程等)以及安全工作状态是否符合要求。

B. 缓冲器的油位及泄漏情况(至少每季度检查一次),液面高度应经常保持在最低油位线上。油的凝固点应在-10℃以下。黏度指数应在115以上。

C. 缓冲器弹簧应无锈蚀,如有则用P1000#砂纸打磨光滑,并涂上防锈漆。

D. 缓冲器上的橡胶冲垫应无变形、老化或脱落,若有应及时更换。

E. 缓冲器柱塞的复位情况。检查方法是以低速使缓冲器到全压缩位置,然后放开,从开始放开的一瞬间计算,到柱塞回到原位置上,所需时间应不大于90 s(每年检查一次)。

F. 轿厢或对重撞击缓冲器后,应全面检查,如发现缓冲器不能复位或歪斜,应予以更换。

G. 检查电气保护开关,看是否固定牢靠、动作灵活、可靠。

⑥做好以下项目的维修保养:

A. 缓冲器的柱塞外漏部分要清除尘埃、油污,保持清洁,并涂上防锈油脂。

B. 定期对缓冲器的油缸进行清洗,更换废油。

C. 定期查看并紧固好缓冲器与底坑下面的固定螺栓,防止松动。

⑦完成维保工作后,将检修开关复位,并取走警示牌。

步骤三:填写缓冲器维保记录单。

维保工作结束后,维保人员应填写维保记录单(见表10-3-2)。

表10-3-2 缓冲器维保记录单

序号	维保内容	维保要求	完成情况	备注
1	维保前工作	准备好工具		
2	缓冲器复位试验	压缩后能自动复位		
		复位后,电器开关才恢复正常		
3	缓冲器柱塞	无锈蚀		
4	电气保护开关	固定牢靠、动作灵活、可靠		
5	缓冲器液位	液位正常		
6	缓冲距离	顶面至轿厢距离符合要求		
7	缓冲器清洁	无灰尘、油垢		
维保人员 日期: 年 月 日				
使用单位意见: 使用单位安全管理人员: 日期: 年 月 日				

任务评价

(一)自我评价(40分)

学生根据学习任务完成情况进行自我评价(见表10-3-3)。

表10-3-3　自我评价表

项目内容	配　分	评分标准	扣　分	得　分
1. 安全意识	10	1. 不按要求穿着工作服、戴安全帽、穿防滑电工鞋(扣2分) 2. 在轿顶操作不系好安全带(扣2分) 3. 不按要求进行带电或断电作业(扣2分) 4. 不按安全要求规范使用工具(扣2分) 5. 其他违反安全操作规范的行为(扣2分)		
2. 缓冲器维保	80	1. 未做缓冲器复位试验(两项各扣1~5分,总计扣30分) 2. 不按要求对缓冲器柱塞进行保养(扣1~10分) 3. 不按要求对缓冲器电气保护开关进行保养(扣1~10分) 4. 不按要求对缓冲器液位进行检查及加注液压油(扣1~10分) 5. 不按要求对缓冲器缓冲距离进行测量及调整(扣1~10分) 6. 不按要求对缓冲器进行清洁(扣1~10分)		
3. 职业规范和环境保护	10	1. 在工作过程中工具和器材摆放凌乱(扣2分) 2. 不爱护设备、工具、不节省材料(扣2分) 3. 在工作完成后不清理现场,在工作中产生的废弃物不按规定处置(扣3分)		
自我评分=(1~4项总分)×40%				

签名_________年_______月_______日

(二)小组评价(30分)

同一实训小组同学进行互评(见表10-3-4)。

表10-3-4　小组评价表

项目内容	配　分	评　分
实训记录与自我评价情况	30	
相互帮助与协作能力	30	
安全、质量意识与责任心	40	
小组评分=(1~3项总分)×30%		

参评人员签名________　________年________月________日

(三)教师评价(30分)

指导教师结合自评与互评的结果进行综合评价(见表10-3-5)。

表 10-3-5 教师评价

<table>
<tr><td colspan="2">教师总体评价意见：

</td></tr>
<tr><td>教师评分(30分)</td><td></td></tr>
<tr><td>总评分=自我评分+小组评分+教师评分</td><td></td></tr>
</table>

教师签名________ ________年________月________日

思考与练习

1. 在电梯曳引系统中，有一个重要的安全装置，在通电时松闸，断电时抱闸，这是( )。
   A. 安全钳　B. 制动器　C. 减速器　D. 极限开关
2. 电梯制动器的电磁线圈与曳引机是( )。
   A. 曳引电动机同通电，制动器的电磁线圈断电。
   B. 曳引电动机断电，制动机器的电磁线圈通电。
   C. 曳引电动机与制动器的电磁线圈同时通，断电
   D. 曳引电动机与制动器的电磁线圈延时通，断电
3. 电梯使用的电磁制动器从制动原理上属于( )。
   A. 电气制动　B. 机械制动　C. 反接制动　D. 能耗制动
4. 关于电磁制动器下列说法正确的是( )。
   A. 制动力大小取决于制动弹簧力(压缩量)，松闸力大小取决于制动线圈的电磁力
   B. 制动力大小取决于动弹簧力(压缩量)，松闸力大小取决于制动弹簧力(压缩量)
   C. 制动力大小取决于制动线圈的电磁力，松闸力大小取决于制动弹簧力(压缩量)
   D. 制动力大小取决于制动线圈的电磁力，松闸力大小取决于制动线圈的电磁力
5. 当轿厢超速下行时，一种能够制停轿厢的机械装置是( )。
   A. 门锁　B. 缓冲器　C. 限速器　D. 安全钳
6. 防止轿厢发生坠落危险的安全防护部件是( )。
   A. 轿厢架　B. 轿厢上梁　C. 轿厢下梁　D. 安全钳
7. 当电梯额定速度大于0.63 m/s时，应采用( )。
   A. 渐进式安全钳　B. 瞬时式安全钳
   C. 带缓冲作用的瞬时式安全钳　D. 任何形式的安全钳均可用
8. 轿厢安全钳动作后，防止电梯再起动的电气安全装置是( )。
   A. 超载开关　B. 检修开关　C. 停止开关　D. 安全钳开关
9. 电梯的安全钳有瞬时式和渐进式两种，以下说法不正确的是( )。
   A. 额定速度在1.0 m/s以上的电梯必须采用渐进式安全钳
   B. 额定速度在0.63 m/s以下的电梯可以采用瞬时式安全钳
   C. 额定速度在0.63 m/s以上的电梯可以采用瞬时式或渐进式安全钳

D. 额定速度在 0.63 m/s 以上的电梯必须采用渐进式安全钳

10. 对瞬时式安全钳做可靠性动作试验时,应载以均匀分布的载荷,并以(　　)。

A. 额定速度上行 B. 额定速度下行 C. 检修速度上行 D. 检修速度下行

11. 限速器的运转反映的是(　　)的真实速度。

A. 曳引机 B. 曳引轮 C. 轿厢 D. 曳引绳

12. 限速器动作时,限速器钢丝绳的张力应不小于抽动安全钳动作力的(　　)倍和 300 N 两者中的大者。

A. 1 B. 2 C. 3 D. 4

13. 当轿厢礅底时,对轿厢起作用的安全部件是(　　)。

A. 轿底防震胶 B. 强迫减速开关 C. 极限开关 D. 缓冲器

14. 蓄能型缓冲器用于额定速度不大于(　　)m/s 的电梯。

A. 0.50 B. 0.63 C. 0.75 D. 1.00

15. 下列关于缓冲器表述错误的是(　　)。

A. 蓄能型缓冲器(包括线性与非线性)只能用于额定速度小于或等于 1 m/s 的电梯

B. 轿厢在两端平层位置时,轿厢、对重装置的撞板与缓冲器顶面间的距离,耗能型缓冲器应为 150~400 mm

C. 轿厢在两端平层位置时,轿厢、对重装置的撞板与缓冲器顶面间的距离,蓄能型缓冲器应为 200~350 mm

D. 同意基础上的两个缓冲器顶部与较底对应距离差不大于 4 mm